高职高专土木建筑类通识教育系列教材

湖南城建职业技术学院
新生入学指南读本

胡六星　主　编

李曾辉　卓　霆　副主编

朱向军　王运政　主　审

中国建筑工业出版社

图书在版编目（CIP）数据

湖南城建职业技术学院新生入学指南读本 / 胡六星主编. —北京：
中国建筑工业出版社，2020.10（2021.8重印）
高职高专土木建筑类通识教育系列教材
ISBN 978-7-112-25418-7

Ⅰ.①湖… Ⅱ.①胡… Ⅲ.①大学生—入学教育—高等职业教育—教
材 Ⅳ.①G645.5

中国版本图书馆CIP数据核字（2020）第167514号

本书为湖南城建职业技术学院新生入学指南，内容共分三个部分，第一部分为各专业人才培养方案学习指导，主要对各专业人才培养方案进行解读；第二部分为学院主要的教学资源，主要帮新生更好地利用学院教学资源学习和生活；第三部分为学历提升途径，主要向新生介绍升学的途径，帮助有升学愿望的新生及早做好规划和准备。

本书适合作为湖南城建职业技术学院新生入学指南，也可供其他高职院校师生参考。

责任编辑：李天虹　李　阳
责任校对：张惠雯

高职高专土木建筑类通识教育系列教材
湖南城建职业技术学院新生入学指南读本
胡六星　主　编
李曾辉　卓　霆　副主编
朱向军　王运政　主　审
*
中国建筑工业出版社出版、发行（北京海淀三里河路9号）
各地新华书店、建筑书店经销
北京建筑工业印刷厂制版
北京市密东印刷有限公司印刷
*
开本：787×1092毫米　1/16　印张：14　字数：343千字
2020年9月第一版　2021年8月第二次印刷
定价：**39.80**元
ISBN 978-7-112-25418-7
（36416）

前　言

本书旨在系统介绍湖南城建职业技术学院各专业人才培养方案、主要教学资源和学历提升途径等内容，帮助新生更好地了解所学专业的发展前景、就业岗位需求、专业课程和实践环节、技能考核标准和毕业标准等内容，引导新生更好地规划大学三年的学习与成长。同时有利于提升新生学习兴趣，改善学院学习风气，提升学院人才培养质量。

本书内容分三个部分，第一部分为各专业人才培养方案学习指导，主要对各专业人才培养方案进行解读；第二部分为学院主要的教学资源，主要帮新生更好地利用学院教学资源学习和生活；第三部分为学历提升途径，主要向新生介绍升学的途径，帮助有升学愿望的新生及早做好规划和准备。本书在编制的过程中体现了"够用、适用、实用、好用"的原则。

本书由湖南城建职业技术学院副院长胡六星教授担任主编，李曾辉、卓霆担任副主编。由各系部及相关职能部门的负责人编写各专业人才培养方案学习指导、学院主要的教学资源及学历提升途径等内容，在此就不一一详细介绍。全书由湖南城建职业技术学院党委书记朱向军教授、院长王运政教授担任主审。

本书在编写过程中，参考了有关书籍和资料，在此谨向其作者深表谢意！同时囿于编者的经验和水平，本书难免存在不当之处，敬请广大师生不吝指正。

目　　录

第一部分
各专业人才培养方案学习指导

建筑工程技术专业

一、专业现状

1. 专业简介

建筑工程技术专业拥有专任教师 76 人，其中教授 6 名，副教授或高级工程师 25 名，讲师或工程师 29 名，助教或助理工程师 16 名；校内兼任教师 9 人；"双师型"教师比例达 59.5%，45 岁以下教师具有研究生学历或硕士以上学位的比例达到 100%。专业与湖南建工集团等知名建筑企业进行深度校企合作，聘请企业能工巧匠为本专业兼职教师 31 人，建立了稳定的兼职教师库。本专业往届毕业生调查数据见表 1。

表 1　往届毕业生调查数据 ❶

项　　目	2019 届	2018 届	2017 届
毕业一年后的就业率	95%	93%	92%
专业毕业一年后的月收入	4293 元	3605 元	3619 元
毕业生工作与专业相关的人数占比	90%	88%	88%
教学满意度	92%	90%	90%

❶ 数据来源：麦可思数据有限公司"湖南城建职业技术学院应届毕业生社会需求与培养质量跟踪评价报告（2019）"。

2. 专业荣誉（表2）

表 2　建筑工程技术专业历年荣誉一览表

序号	年度	项目名称
1	2004年	全国建设行业技能型紧缺人才培养培训基地
2	2005年	省级教改试点专业
3	2008年	《建筑施工组织》省级精品课程
4	2008年	《建筑构造与识图》省级精品课程
5	2009年	全国土建教指委省级精品专业
6	2009年	省职教重点实训基地
7	2009年	省级专业带头人（郑伟教授）
8	2010年	《建筑工程技术》专业省级技能抽查标准
9	2010年	中央财政支持实训基地
10	2010年	全国土建教指委优秀教学团队
11	2014年	省级示范性特色专业群核心专业
12	2015年	建筑工程技术专业中高职衔接人才培养试点

序号	年度	项目名称
13	2017年	结构教学团队获得学院"芙蓉标兵岗"称号
14	2018年	建筑工程技术专业群被省认定为一流特色专业群
15	2019年	全国"三全育人"建设单位
16	2019年	全国骨干专业
17	2019年	全国双师型教育培训基地
18	2019年	全国绿色建筑协调创新中心

二、专业前景

1. 建筑产业发展背景

中央组织部、人力资源和社会保障部发布《高技能人才队伍建设中长期规划（2010—2020年）》提出，到2020年，全国技能劳动者总量将达到1.4亿人，其中高级工以上的高技能人才达到3900万人。根据相关预测，到2020年，我国建筑业对技能人才需求量占到技能人才需求总量的22%，排在第2位，需求人数为870万人；细分到房屋和土木工程建筑业，则其数据为17.80%，排在第1位，需求人数为720万人。

据前瞻产业研究院发布的《中国智能建筑行业发展前景与投资战略规划分析报告》统计数据显示，2015年中国建筑业总产值为18.08万亿元，同比仅增长2.3%。2016年中国建筑业总产值达到19.36万亿元，同比增长7.08%。到了2017年，全国建筑业总产值为21.40万亿元，同比增长10.5%。截至2018年，中国建筑业总产值达23.5万亿元，同比增长9.9%。预测2019年中国建筑行业总产值将突破25万亿元，未来五年（2019—2023）年均复合增长率约为7.08%，并预测在2023年中国建筑行业总产值将达到33.05万亿元左右（图1）。

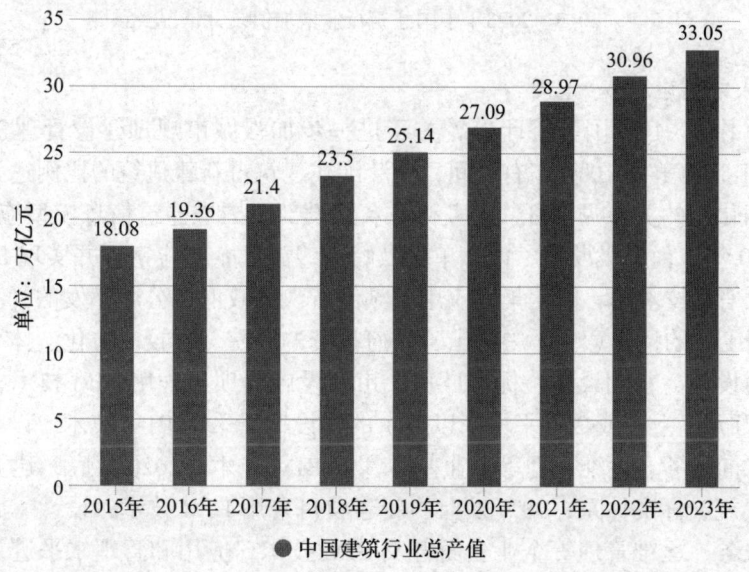

图1　2015—2023年中国建筑行业总产值统计情况及预测

截至 2018 年底，中国建筑行业增加值达到了 6.18 万亿元。预测 2019 年中国建筑行业增加值将达 6.56 万亿元，未来五年（2019—2023）年均复合增长率约为 6.19%，并预测在 2023 年中国建筑行业增加值将达到 8.34 万亿元（图 2）。"十三五"时期是我国全面建成小康社会的决胜阶段，是经济转型的爬坡和过坎时期。《建筑行业"十三五"规划展望分析报告》中指出，预计"十三五"期间，建筑业将进入低增长阶段，行业复合增长率将在 5% ~ 10% 之间。但同时，随着新型城镇化（目前我国常住人口城镇化水平只有 56.1%，离发达国家 80% 的水平还有相当大的差距，而湖南省城镇化水平低于全国平均水平）的快速发展和"一带一路"倡议的重要部署，必将带来城市基础设施、公共服务设施和住宅建设等巨大投资需求，为经济发展提供持续的动力，而建筑业是新型城镇化建设的主力军。

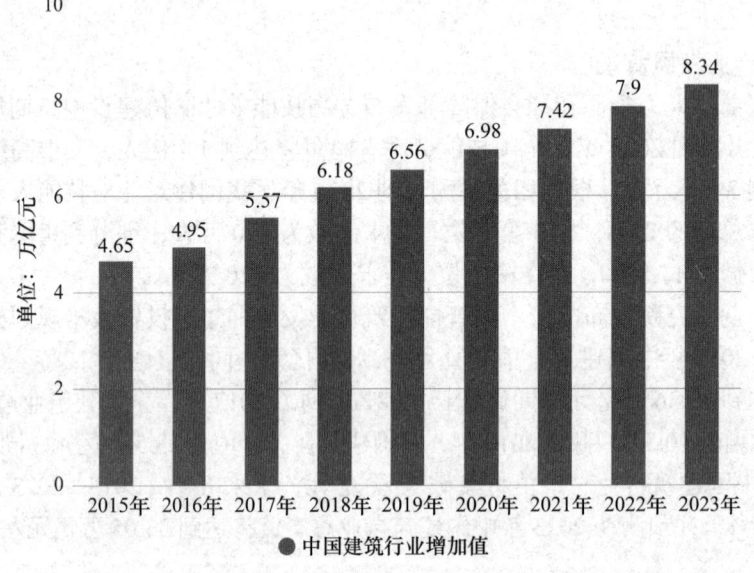

图 2　2015—2023年中国建筑行业增加值统计情况及预测

2. 专业人才需求背景

2016 年，中共中央 国务院印发《关于进一步加强城市规划建设管理工作的若干意见》，文件指出，力争用 10 年左右时间，使装配式建筑占新建建筑的比例达到 30%。建筑工业化与"四化"的关系见图 3。住房和城乡建设部《推进建筑信息模型应用指导意见》指出，到 2020 年末，甲级勘察、设计单位及特一级施工企业应掌握并实现 BIM 与企业管理系统和其他信息技术的一体化集成应用。湖南省人民政府办公厅印发的《关于开展建筑信息模型应用工作的指导意见》中指出，政府投资的医院、学校、文化、体育设施、保障性住房、交通设施、水利设施、标准厂房、市政设施等项目采用 BIM 技术，社会资本投资额在 6000 万元以上（或 2 万平方米以上）的建设项目采用 BIM 技术，设计、施工、房地产开发、咨询服务、运维管理等企业基本掌握 BIM 技术；2020 年底，建立完善的 BIM 技术的政策法规、标准体系，90% 以上的新建项目采用 BIM 技术，设计、施工、房地产开发、咨询服务、运维管理等企业全面普及 BIM 技术，应用和管理水平进入全国先进行列，BIM 技术在建筑领域的应用见图 4。

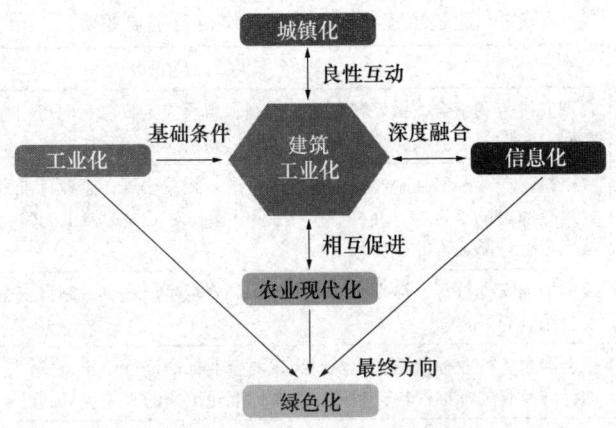

图3 建筑工业化与"四化"的关系

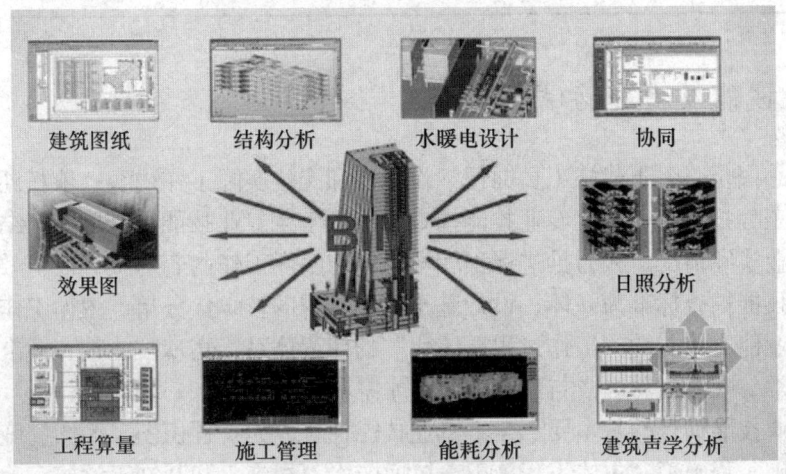

图4 BIM技术的应用

目前，适应建筑业发展、传承"鲁班文化"和具有"工匠精神"的各层次技术技能人才和经营管理人才严重匮乏，迫切需要大量从事建筑设计、工程施工，实施生态廊道建设和生态系统修复工程，在海绵城市试点建设、装配式建筑、智慧城市、BIM等新技术、新工艺应用与研发领域施展身手的高素质技术技能人才。

2017年3月，住房和城乡建设部印发《"十三五"装配式建筑行动方案》，明确指出，到2020年，全国装配式建筑占新建建筑的比例达到15%以上，其中重点推进地区达到20%以上，积极推进地区达到15%以上，鼓励推进地区达到10%以上。到2020年，培育50个以上装配式建筑示范城市，200个以上装配式建筑产业基地，500个以上装配式建筑示范工程，建设30个以上装配式建筑科技创新基地，充分发挥示范引领和带动作用。装配式建筑的规划发展将有利于传统建筑加快转型升级。

三、就业岗位

以建筑业企业一线的项目施工员为核心就业岗位，并以质量员、安全员、标准员、资料员等为就业岗位群。建筑工程技术专业各就业岗位及主要职责见表3。

表3 建筑工程技术专业就业岗位及主要职责

序号	就业岗位	主要岗位职责
1	施工员	合理安排劳动组合，做好各项施工记录，填写施工日志；向班组操作人员进行技术、安全交底；安排各专业的配套作业和各工种之间的立体交叉作业等
2	质量员	严格执行现行国家强制性标准、验收标准、相关法规、企业标准和公司有关质量规定，监督检查质量的"自检、互检、交接检"。参与对工程检验批的验收、协助项目经理做好分项工程、分部工程的自查等
3	安全员	负责加强安全教育，提高全员安全意识和安全生产水平，制订安全防护措施，配备适当的安全用具等
4	标准员	根据国家、行业标准的变化及时组织对企业标准进行审核、修订；协助有关部门查找所需的标准及有关标准资料；制订、修改标准化工作的有关规章制度等
5	资料员	建立施工资料收集台账，进行资料交底；资料的收集、审查、整理、立卷、归档、封存和安全保密工作等

四、核心技能及考核方式、标准

对接核心岗位——土建施工员岗位工作标准和岗位实际工作内容，依托湖南省高等职业院校建筑工程技术专业学生专业技能抽查标准、学生专业技能抽查题库，结合我院建筑工程技术专业实际情况，大力推进课程教学内容与实际工作内容对接，改革教学方式。具体而言，以技能抽查标准为载体，设计基于工作过程的教学任务单，遵循工作过程，构建突出学生职业能力培养的"工作过程系统化"的课程体系，实现技能抽查标准全方位融入日常课堂教学，人才培养规格与建筑产业人才需求无缝对接。

根据专业技能抽查的基本要求，本专业技能抽查分为工程识图及绘图、施工组织、工程测量、基础工程施工、主体工程施工、屋面防水工程施工和装饰工程施工七个模块，每个模块均为必考技能模块。每个模块下设若干技能操作试题（表4）。课程教学时，按照技能抽查标准的要求，将技能抽查试题设计成教学任务单，并融入课程教学模块，学生在规定的时间内完成教学任务，教师在教学过程中实现对学生专业技能的培养和考评。

表4 建筑工程技术专业七大核心技能

核心技能	对应课程	考核标准
工程识图及绘图	建筑构造与识图	工程识图及绘图模块包括识读建筑工程施工图和绘制建筑工程施工图两个项目。主要用来检验学生是否掌握建筑施工图识读、结构施工图识读、图纸会审、施工图绘制、CAD（天正）绘图等基本技能
	计算机辅助设计	
工程测量	建筑工程测量	工程测量技能考试模块的主要任务是建筑工程测量与放线。主要用来检验学生是否掌握测量仪器的操作以及测量数据的计算，是否能对建筑物进行准确的施工定位放线
施工组织	建筑施工组织	施工组织技能考试模块包括绘制施工横道图、网络图进度计划和绘制施工平面布置图3个项目。主要用来检验学生是否掌握流水施工原理、工程量及劳动量的计算、合理安排施工顺序、绘制施工横道图计划和施工网络图计划、绘制施工现场平面布置图等基本技能

续表

核心技能	对应课程	考核标准
基础工程施工		主要用来检验学生能否编制基础工程清单报价文件，是否掌握基础工程施工工艺，能否对基础钢筋进行下料计算，能否进行砌筑、钢筋、模板及混凝土工种技能操作，能否对已完基础工程的施工质量进行检查验收
主体工程施工	混凝土结构 砌体结构 建筑施工技术 建筑工程质量与安全管理 建筑工程计量与计价	主要用来检验学生是否掌握砌体工程施工、钢筋混凝土柱施工、钢筋混凝土梁施工的施工工艺，能否编制主体工程清单报价文件，能否进行钢筋下料计算，能否进行砌筑、钢筋、模板、混凝土工种技能操作，能否对已完脚手架工程的施工质量进行检查验收，能否对已完主体工程的施工质量进行检查验收
屋面防水工程施工		本模块主要用来检验学生是否掌握屋面防水工程施工的施工工艺、清单计价、防水层施工、质量检验等基本技能
装饰工程施工		本模块主要用来检验学生是否掌握地板砖铺贴施工、墙面抹灰施工、墙面釉面砖镶贴施工的施工工艺、清单计价、质量检验等基本技能

五、专业课程及实践环节（表5～表7）

表5 建筑工程技术专业各学期专业课程一览表

学期	主要课程	考核方式	考核成果	考核时间
第一学期	思想道德修养与法律基础	考试		第20周
	形势与政策	考试		第20周
	大学生安全教育	考查		第20周
	大学生心理健康教育	考查		第20周
	大学生职业生涯规划	考查		第20周
	大学英语（一）	考试		第20周
	体育与健康	考查		第20周
	建筑力学（一）	考试		第20周
	建筑构造与识图（一）	考试	技能考核	第20周
	建筑工程材料与检测	考试		第20周
	计算机应用基础	考查	考证	第20周
	认识实习	考查	交认识实习报告	第20周
	军事技能训练	考查		第4周
第二学期	思想道德修养与法律基础	考试		第20周
	形势与政策	考试		第20周
	大学生心理健康教育	考查		第20周
	大学英语（二）	考试		第20周
	体育与健康	考查		第20周
	军事理论	考查		第20周

续表

学期	主要课程	考核方式	考核成果	考核时间
第二学期	大学人文基础	考查		第20周
	大学应用数学基础	考试		第20周
	建筑工程测量	考试	技能考核	第20周
	建筑力学（二）	考试		第20周
	建筑构造与识图（二）	考试	技能考核	第20周
	公共选修课	考查		第20周
第三学期	毛泽东思想和中国特色社会主义理论体系概论	考试		第20周
	形势与政策	考试		第20周
	大学生创新创业教育	考查		第20周
	体育与健康	考查		第20周
	劳动专题教育	考查		第20周
	建筑CAD	考查	考证	第20周
	混凝土结构	考试	技能考核	第20周
	建筑施工技术（一）	考试	技能考核	第20周
	材料管理	考试	技能考核	第20周
	建设工程法规	考查		第20周
	公共选修课	考查		第20周
	地基与基础	考查		第20周
第四学期	毛泽东思想和中国特色社会主义理论体系概论	考试		第20周
	形势与政策	考试		第20周
	大学生就业教育与职业指导	考查		第20周
	体育与健康	考查		第20周
	BIM建模及应用	考查	考证	第20周
	建筑施工组织	考试	技能考核	第20周
	建筑施工技术（二）	考试	技能考核	第20周
	建筑工程计量与计价	考试	技能考核	第20周
	砌体结构	考查	技能考核	第20周
	建筑工程经济	考查		第20周
	专业选修课1	考查		第20周
	专业选修课2	考查		第20周
第五学期	形势与政策	考试		第9周
	装配式建筑施工技术	考查		第9周
	建筑工程质量与安全管理	考试		第9周
	建筑抗震	考试		第9周
	钢结构	考查		第9周

续表

学期	主要课程	考核方式	考核成果	考核时间
第五学期	专业选修课1	考查		第9周
	专业选修课2	考查		第9周
	专业选修课3	考查		第9周
	毕业设计	考查	毕业设计成果上传至管理平台	第20周
第六学期	顶岗实习	考查	实习日志、实习周记、实习总结	第20周

表6 建筑施工技术专业实践性教学环节安排表

课程类别		实训项目名称	对应理论课程名称	内容及教学要求	专用周数	学分	开设学期	备注
公共实践	1	军事技能训练		军姿、军纪及必备军事技术能力训练	3	2	1	
	2	大学生综合素质实践（劳动实践）		在校期间，须累计修满500素质实践分	分散	2	1~5	
专业实践	单项课程实践 1	建筑构造与识图实训（一/二）	建筑构造与识图	识图与绘图	2	2	1、2	
	2	建筑工程测量实训	建筑工程测量	1. 水准仪的综合实训 2. 全站仪的综合实训	1	1	2	
	3	整体式钢筋混凝土肋形楼盖设计	混凝土结构	1. 结构布置 2. 板的设计 3. 主、次梁的设计	1	1	3	
	4	建筑施工技术实训（一）	建筑施工技术	1. 钢筋抽筋 2. 下料长度计算 3. 钢筋代换	1	1	3	
	5	建筑施工技术实训（二）	建筑施工技术	安装施工方案设计	1	1	4	
	6	建筑工程计量与计价实训	建筑工程计量与计价	工程量清单计价表（文件）	1	1	4	
	7	建筑施工组织实训	建筑施工组织	1. 编制施工进度计划 2. 绘制横道图、双代号网络图	1	1	4	
	综合性实践 1	认识实习	工种实训	专业认知	1	1	1	
	2	工种实训	工种实训	1. 墙体砌筑操作 2. 钢筋质量检测 3. 墙体质量检测	1	1	4	
	3	毕业设计	所学课程	1. 识图 2. 工程量计算 3. 施工组织设计	9	9	5	
	4	顶岗实习	所学课程		24	24	5、6	
合计					48	47		

表7　学生考证安排表

序号	课程名称	证书名称	考试时间
1	建筑工程测量	中级测量工	第二学期
2	计算机辅助设计	中级制图员	第三学期
3	BIM建筑信息模型	建筑信息模型（BIM）职业技能等级证书	每年4次
4	建筑构造与识图	建筑工程识图职业技能等级证书	每年4次
5	装配式建筑施工技术	装配式建筑构件制作与安装职业技能等级证书	每年4次

六、毕业标准

1. 基本修业年限3年，学生可以根据自身学习需求，合理、弹性安排学习时间，最长不超过6年。

2. 按规定修完所有课程，成绩全部合格，学分达到毕业规定学分。

3. 毕业设计成果考核合格；参加半年的顶岗实习并考核合格。

4. 学生体质健康测试综合成绩合格，综合素质实践教育考核合格。

5. 鼓励学生在校期间获得职业资格证、职业技能等级证书以及普通话、英语三级等证书，但不与毕业证挂钩。

6. 本专业毕业生继续学习主要有两种途径：一是参加专升本；二是参加自学考试，其专业面向土木工程、岩土工程、道路桥梁等。

建筑材料工程技术专业

一、专业现状

1. 专业简介

建筑材料工程技术专业拥有专任教师 10 人，其中副教授 6 人，讲师 1 人，工程师 3 名，"双师型"教师比例达 80%，硕士研究生或硕士以上学位的比例达到 70%。往届毕业生调查数据见表 1。

表 1　往届毕业生调查数据 ❶

项　　目	2017 届	2018 届	2019 届
毕业一年后的就业率	82%	100%	89%
毕业一年后的月收入	3525 元	4007 元	4818 元
毕业生工作与专业度	70%	89%	90%
毕业生对母校满意度	93%	93%	94%

❶ 数据来源：麦可思数据有限公司"湖南城建职业技术学院 2017 届毕业生培养质量评价数据""湖南城建职业技术学院 2018 届毕业生培养质量评价数据"和"湖南城建职业技术学院 2019 届毕业生培养质量评价数据"。

2018 年我院与湖南工学院签订"专升本"合作协议，确定建筑材料工程技术专业专升本对口的本科院校为湖南工学院，2018 届毕业生参加了该本科院校的专升本考试，升本率达 10%，2019 届毕业生参加了该本科院校的专升本考试，升本率达 10%，2020 届毕业生参加了该本科院校的专升本考试，升本率达 11%。

2. 专业荣誉（表 2）

表 2　建筑材料工程技术专业历年荣誉一览表

序号	年度	项目名称
1	2005	成为全国建材行业技能型紧缺人才培养培训基地
2	2005	获得全国首届"路通杯"建材院校技能大赛一等奖
3	2008	立项省级规划课题"工学结合教育模式在高职材料工程技术专业中的应用"，2012 年结题
4	2010	湖南城建职业技术学院骨干教师"说课"一等奖
5	2013	湖南城建职业技术学院"说专业"一等奖
6	2014	立项省级"专业技能抽查标准和试题库"，2015 年结题
7	2015	省级骨干院校验收等级"优秀"，该专业为验收专业之一

续表

序号	年度	项目名称
8	2016	专业教学团队获得学院"芙蓉标兵岗"称号
9	2016	立项学院《建筑工程材料与检测》课程资源库建设
10	2016	立项学院《建筑工程材料与检测》机考试题库建设
11	2018	立项学院建筑材料工程技术专业技能考核标准建设项目
12	2019	荣获湖南省教师教学能力大赛三等奖
13	2020	荣获湖南省教师教学能力大赛二等奖

二、专业前景

1. 专业人才需求背景

国家"十三五"规划战略部署和重点领域的发展规划中，建筑材料是其中之一。国家"十三五"科学和技术发展规划指出："掌握新材料的设计、制备加工、高效利用、安全服役、低成本循环再利用等关键技术，提高关键材料的供给能力，抢占新材料应用技术和高端制造制高点。"

中国建筑材料联合会提出的《建筑材料工业"十三五"发展指导意见》进一步明确指出，重点发展产品项目有：推广42.5级及以上水泥，C40及以上高强高性能混凝土，预拌混凝土、预拌砂浆，加气混凝土，泡沫混凝土，水泥混凝土建筑构件和工程预制件等水泥基材料及制品等。

中央组织部、人力资源和社会保障部发布《高技能人才队伍建设中长期规划（2010—2020年）》提出，到2020年，全国技能劳动者总量将达到1.4亿人，其中高级工以上的高技能人才达到3900万人。根据相关预测，到2020年，我国建筑业对技能人才需求量占到技能人才需求总量的22%，排在第2位，需求人数为870万人；细分到房屋和土木工程建筑业，则其数据为17.80%，排在第1位，需求人数为720万人。

建筑业在"十三五"期间进入稳步快速发展阶段，对建筑材料工程方面的人才需求数量和质量也必然不断提高。工程项目施工过程中普遍存在非材料工程专业人员从事甚至负责工程施工现场材料检验检测的任务，这为高职院校培养建筑材料工程技术专业人才提供了足够的就业空间，也为高职类建筑材料工程技术专业毕业生从事施工现场材料检测工作提供了良好的职业前景。

2. 行业发展前景

（1）商品混凝土行业 ❶

据中国混凝土网的不完全统计，2019年我国（不含港澳台地区）商品混凝土总产量为27.38亿立方米，较2018年（25.47亿立方米）同比增长7.51%。近年来，混凝土行业经历了由传统加工制造模式向智能产业化模式转变的过程，在经过前期爆发式增长之后，

---

❶ 数据来源：中国混凝土网。

混凝土市场需求已逐渐步入稳定期，混凝土产业格局也发生了很大变化，淘汰落后工艺技术，倒逼落后产能退出，推动了行业由粗放式扩张向规范化发展迈进。

根据国家发展改革委预计，2020年我国固定资产投资将呈企稳态势，中高端制造业、现代服务业投资成为主要拉动力，基础设施投资增长情况略有好转，中西部投资增速继续领先。随着国家加大对基础设施领域的支持力度，基础设施投资增速有望逐步回暖。以基建项目落地周期1年左右判断，2020年基建投资有望保持中速增长态势。过去10年，我国基建投资年均增长约20%，基础设施供给水平实现了质的飞跃。2020年在稳增长目标引导下，基建投资增速仍将触底反弹，全年有望实现5%～10%左右的增速，基建的稳步增长将对混凝土行业起到积极的推动作用，中国混凝土网预计2020年我国商品混凝土总产量将有小幅增长。

图1、图2分别为中国混凝土网统计的商品混凝土产量情况及混凝土企业分布情况。

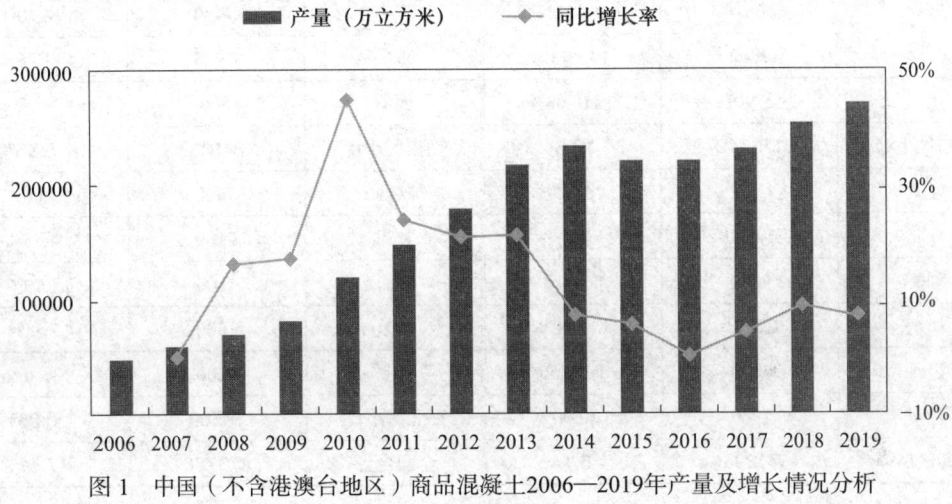

图1 中国（不含港澳台地区）商品混凝土2006—2019年产量及增长情况分析

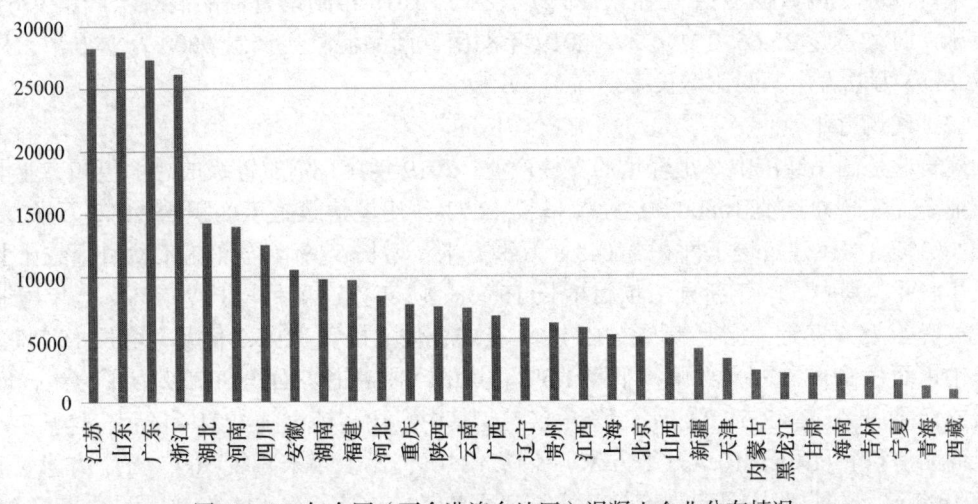

图2 2019年全国（不含港澳台地区）混凝土企业分布情况

表3为中国混凝土网统计的2019年全国各省份（不含港澳台地区）商品混凝土产量。

表3　2019年全国各省份（不含港澳台地区）商品混凝土产量

省份	2019年产量（万立方米）	同比增长率	省份	2019年产量（万立方米）	同比增长率
辽宁	6600	↑9.85%	北京	5155	↑1.10%
吉林	1800	↓14.29%	天津	3300	↓5.42%
黑龙江	2200	↓12.70%	河北	8409	↑21.87%
东北区小计	10600	↓0.26%	山西	5000	↑1.52%
上海	5301	↑13.34%	内蒙古	3100	↓12.45%
江苏	28182	↑7.32%	华北区小计	24964	↑4.22%
浙江	26120	↑19.07%	四川	12500	↑2.46%
江西	5900	↑9.26%	贵州	6255	↓6.40%
安徽	10514	↓1.74%	云南	7480	↑14.20%
福建	9700	↑17.43%	重庆	7776	↑11.75%
山东	27901	↑118.08%	西藏	800	↑23.08%
华东区小计	113618	↑12.64%	西南区小计	34811	↑5.36%
河南	13260	↑1.22%	陕西	7600	↑1.06%
湖北	14200	↑1.43%	甘肃	2100	↓4.55%
湖南	9800	↑4.64%	青海	1100	↓1.79%
广东	27253	↑11.80%	宁夏	1500	↑2.11%
广西	6800	↑2.01%	新疆	4200	↑1.20%
海南	1980	↓10.00%	西北区小计	16500	↑0.25%
中南区小计	73293	↑5.14%	全国合计	273786	↑7.51%

中国混凝土网数据显示（图1、图2、表3），2018年湖南省商品混凝土产量9365万立方米，日均产量25.66万立方米，2019年湖南省商品混凝土产量9800万立方米，日均产量26.85万立方米，同比增长率提高了4.64%。

（2）建筑行业

建筑业是国民经济中举足轻重的支柱产业，2019年具有资质等级的总承包和专业承包建筑业企业实现总产值10800.6亿元，增长12.7%。房屋建筑施工面积65247.3万平方米，增长10.1%。房屋建筑竣工面积21043.8万平方米，增长5.6%。全年施工项目个数比上年增长14.1%。其中，本年新开工项目增长15.6%。本年投产项目增长26.2%。全年房地产开发投资4445.5亿元，比上年增长12.7%。其中，住宅投资3197.3亿元，增长15.7%。商品房销售面积9103.5万平方米，下降1.5%。其中，住宅销售面积8073.2万平方米，增长0.9%。商品房销售额5578.0亿元，增长4.2%。其中，住宅销售额4721.4亿元，增长7.9%。年末商品房待售面积1410.7万平方米，下降18.0%，比上年末减少309.7万平方米。表4为2019年建筑建材业主要产品产量及增长速度 ❶。

---

❶ 数据来源于湖南省统计局2019年统计资料"湖南省2019年国民经济和社会发展统计公报"。

表4 2019年建筑建材业主要产品产量及其增长速度

产品名称	计量单位	产量	比上年增长（%）
水泥	万吨	11194.9	2.6
平板玻璃	万重量箱	3394.6	35.5
钢材	万吨	2451.6	2.8
混凝土机械	万台	4.4	17.8
建筑工程用机械	万台	9.6	27.1

"十三五"时期是我国全面建成小康社会的决胜阶段，是经济转型的爬坡和过坎时期。《建筑行业"十三五"规划展望分析报告》中指出，预计"十三五"期间，建筑业将进入低增长阶段，行业复合增长率将在5%～10%之间。但同时，随着新型城镇化（目前我国常住人口城镇化水平只有56.1%，离发达国家80%的水平还有相当大的差距，而湖南省城镇化水平低于全国平均水平）的快速发展和"一带一路"倡议的重要部署，必将带来城市基础设施、公共服务设施和住宅建设等巨大投资需求，为经济发展提供持续的动力，而建筑业是新型城镇化建设的主力军。

近年来，中国工程承包行业走出国门迈向世界的步伐正在明显加快（图3）。从国际工程承包市场的参与者，到国际工程承包市场的跟随者，再嬗变为国际工程承包市场的领跑者，中国国际工程承包行业走过了艰难曲折的发展历程，其国际排名和综合竞争力获得大幅提升。

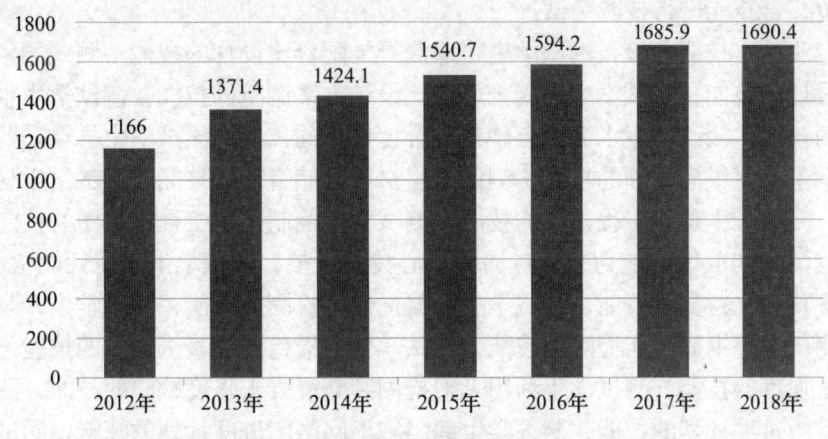

图3 2012—2018年我国对外承包工程完成额
（资料来源：国家商务部）

三、就业岗位

学生毕业后从事的核心岗位是建筑企业的材料员、商品混凝土企业生产技术管理、建筑企业的质量检验与控制，并以建筑企业的施工员等为就业岗位群（表5）。

表5 建筑材料工程技术专业就业岗位及主要职责

序号	就业岗位	主要岗位职责
1	材料员	在建筑企业中参与编制材料、设备配置管理计划;分析建筑材料市场信息,并进行材料、设备的计划与采购;对进场材料、设备进行符合性判断;组织保管、发放施工材料、设备;对危险物品进行安全管理;参与对施工余料、废弃物进行处置或再利用;建立材料、设备的统计台账;参与材料、设备的成本核算;编制、收集、整理施工材料、设备资料
2	生产技术管理	在预拌混凝土生产企业中选择混凝土生产的原材料品种和规格;设计混凝土生产的配合比并能进行优化调整;管理与控制混凝土生产过程,分析与处理生产故障;指导混凝土浇筑施工
3	质量检验与控制	对进场的建筑材料抽样取样及样品制备;对进场建筑材料进行性能检测;记录和处理试验数据;撰写试验报告;建立材料试验台账及施工试验台账;对试验设备进行日常维护、保养和校验;对混凝土配合比、建筑砂浆配合比进行试验验证;检验建筑工程质量
4	施工员	参与编制施工组织设计和专项施工方案;识读施工图其他工程设计、施工等文件;编写技术交底文件,并实施技术交底;正确使用测量仪器,进行施工测量;进行资源平衡计算,参与编制施工进度计划及资源需求计划,控制调整计划;进行工程量计算及初步的工程计价;记录施工情况,编制相关工程技术资料

四、核心技能及考核方式、标准

依托湖南省高等职业院校建筑材料工程技术专业学生专业技能考核标准、学生专业技能考核题库,结合我院建筑材料工程技术专业实际情况,对专业基本技能、岗位核心技能、跨岗位综合技能进行技能考试。

通过专业基本技能考核,测试学生普通混凝土配合比设计的技能,测试学生特殊混凝土配合比设计的技能,测试学生混凝土配合比设计方案调整的技能,测试学生水泥砂浆配合比设计的技能,测试学生水泥混合砂浆配合比设计的技能,测试学生材料采购管理的技能,测试学生材料供应管理的技能,测试学生材料仓储管理的技能,测试学生材料核算管理的技能,测试学生建筑工程识图的技能,测试学生绘制建筑工程施工图的技能,测试学生建筑工程测量与放线的能力;通过岗位核心技能考核,测试学生水泥性能检测的技能,测试学生骨料性能检测的技能,测试学生混凝土性能检测的技能,测试学生砂浆性能检测的技能,测试学生钢筋性能检测的技能,测试学生无损检测混凝土强度的技能,测试学生推定混凝土强度的技能,测试学生利用无损检测判断混凝土强度缺陷的技能,测试学生编制施工横道图进度计划的技能,测试学生编制施工网络图进度计划的技能,测试学生施工质量检查的技能,测试学生模板工程施工方案编制的技能;通过跨岗位综合技能考核,测试BIM建模的技能。在测试学生以上技能的同时,对其在实际操作过程中所表现出来的职业素养进行综合评价。建筑材料工程技术专业技能考核内容如表6所示。

表6 建筑材料工程技术专业技能考核内容

序号	考核模块	考核内容	考核项目
1	模块一	专业基本技能	项目一 普通混凝土配合比设计
			项目二 特殊混凝土配合比设计

序号	考核模块	考核内容	考核项目
1	模块一	专业基本技能	项目三　混凝土配合比设计方案调整
			项目四　水泥砂浆配合比设计
			项目五　水泥混合砂浆配合比设计
			项目六　材料采购管理
			项目七　材料供应管理
			项目八　材料仓储管理
			项目九　材料核算管理
			项目十　建筑工程识图
			项目十一　绘制建筑工程施工图
2	模块二	岗位核心技能	项目一　水泥性能检测
			项目二　骨料性能检测
			项目三　混凝土性能检测
			项目四　砂浆性能检测
			项目五　钢筋性能检测
			项目六　回弹法检测混凝土强度
			项目七　混凝土强度的推定
			项目八　混凝土缺陷的数据处理和判断
			项目九　钢筋混凝土基础施工质量检查
			项目十　钢筋混凝土梁、板、柱施工质量检查
			项目十一　模板工程施工方案编制
3	模块三	跨岗位综合技能	项目一　BIM建模
			项目二　建筑工程测量与放线

五、专业课程及实践环节

建筑材料工程技术专业6个学期，每个学期有20个教学进程周；各学期所开课程如表7所示；各学期开设实践环节如表8所示；学生考证安排如表9所示。

表7　建筑材料工程技术专业各学期专业课程一览表

学期	主要课程	考核方式	考核成果	考核时间
第一学期	思想道德修养与法律基础	考试		第20周
	形势与政策	考试		第20周
	大学生安全教育	考查		第20周
	大学生心理健康教育	考查		第20周
	大学生职业生涯规划	考查		第20周

续表

学期	主要课程	考核方式	考核成果	考核时间
第一学期	大学英语（一）	考试		第20周
	体育与健康	考查		第20周
	建筑力学（一）	考试		第20周
	建筑构造与识图（一）	考试	技能考核	第20周
	建筑工程材料与检测	考试		第20周
	计算机应用基础	考查	考证	第20周
	认识实习	考查	交认识实习报告	第20周
	军事技能训练	考查		第4周
第二学期	思想道德修养与法律基础	考试		第20周
	形势与政策	考试		第20周
	大学生心理健康教育	考查		第20周
	大学英语（二）	考试		第20周
	体育与健康	考查		第20周
	军事理论	考查		第20周
	大学人文基础	考查		第20周
	大学应用数学基础	考试		第20周
	建筑工程测量	考试	技能考核	第20周
	建筑力学（二）	考试		第20周
	建筑构造与识图（二）	考试	技能考核	第20周
	公共选修课	考查		第20周
第三学期	毛泽东思想和中国特色社会主义理论体系概论	考试		第20周
	形势与政策	考试		第20周
	大学生创新创业教育	考查		第20周
	体育与健康	考查		第20周
	劳动专题教育	考查		第20周
	建筑CAD	考查	考证	第20周
	混凝土结构	考试	技能考核	第20周
	建筑施工技术（一）	考试	技能考核	第20周
	材料管理	考试	技能考核	第20周
	建设工程法规	考查		第20周
	公共选修课	考查		第20周
	地基与基础	考查		第20周
第四学期	毛泽东思想和中国特色社会主义理论体系概论	考试		第20周
	形势与政策	考试		第20周

续表

学期	主要课程	考核方式	考核成果	考核时间
第四学期	大学生就业教育与职业指导	考查		第20周
	体育与健康	考查		第20周
	BIM建模及应用	考查	考证	第20周
	无损检测技术	考试	技能考核	第20周
	建筑施工技术（二）	考试	技能考核	第20周
	混凝土材料技术	考试	技能考核	第20周
	材料性能检验	考查	技能考核	第20周
第五学期	形势与政策	考试		第9周
	装配式建筑构件生产	考试		第9周
	建筑施工组织	考试		第9周
	装饰材料检测	考查		第9周
	专业选修课1	考查		第9周
	专业选修课2	考查		第9周
	专业选修课3	考查		第9周
	毕业设计	考查	毕业设计成果上传至管理平台	第20周
	顶岗实习	考查	实习日志、实习周记、实习总结	—
第六学期	顶岗实习	考查	实习日志、实习周记、实习总结	第20周

注：其中，考试以闭卷考试、实操等方式进行；考查以交作业、写报告、做PPT等方式进行。

表8 建筑材料工程技术专业实践性教学环节安排表

类别		实训项目名称	对应课程名称	内容及教学要求	专用周数	学期
单项技能实践	1	认识实习	专业认知	去生产现场进行专业认知	1	1
	2	建筑构造与识图实训	建筑构造与识图	建筑施工图的识读与抄绘	2	1、2
	3	建筑工程测量课程实训	建筑工程测量	水准仪、全站仪等测量仪器的综合实训	1	2
	4	材料管理实训	材料管理	材料采购方案、材料配置计划、材料核算与验收专项实训	1	2
	5	整体式钢筋混凝土肋形楼盖设计	混凝土结构	结构布置，板的设计，主、次梁的设计	1	3
	6	建筑施工技术实训（一）	建筑施工技术（一）	钢筋抽筋，下料长度计算，钢筋代换	1	3
	7	建筑施工技术实训（二）	建筑施工技术（二）	安装施工方案设计	1	3
	8	材料性能检验实训	材料性能检验	水泥、混凝土、建筑钢材等常用工程材料性能检验专项实训	1	4

续表

类别		实训项目名称	对应课程名称	内容及教学要求	专用周数	学期
单项技能实践	9	无损检测技术实训	无损检测技术	混凝土强度、混凝土缺陷、桩基完整性无损检测专项实训	1	4
	10	混凝土材料技术	混凝土材料技术	普通混凝土、特殊混凝土及砂浆配合比设计专项实训	1	4
岗位职业技能实践	11	毕业设计	所有课程	某工程项目的材料管理、材料验收、材料配合比设计、主体结构无损检测	9	5
	12	顶岗实习	所有课程	顶岗操作	24	5、6

表9 学生考证安排表

序号	课程名称	证书名称	考试时间
1	计算机应用基础 建筑构造与识图 建筑CAD	建筑工程识图职业技能等级证书	第二学期
2	建筑构造与识图 建筑CAD BIM建模及应用	建筑信息模型（BIM）职业技能等级证书	第四学期
3	各专业课程	八大员	官方公布为准
4	大学英语	高等学校英语应用能力考试证书	第二学期
5	公共选修课	普通话水平测试等级证书	第三学期

六、毕业标准

（一）学业要求

1. 基本修业年限3年，学生可以根据自身学习需求，合理、弹性安排学习时间，最长不超过6年。
2. 按规定修完所有课程，成绩全部合格，学分达到毕业规定学分。
3. 毕业设计成果考核合格，参加半年的顶岗实习并考核合格。
4. 学生体质健康测试综合成绩合格，综合素质实践教育考核合格。

（二）获证要求

鼓励学生在校期间获得职业资格证、职业技能等级证书以及普通话、英语三级等证书，但不与毕业证挂钩。

建筑装饰工程技术专业

一、专业现状

1. 专业简介

建筑装饰工程技术专业培养面向建筑装饰业建设、服务和管理第一线的高端技术技能型人才，学生毕业后以建筑装饰项目施工员为主要就业岗位，以项目设计员、造价员、材料员、质量员、资料员、监理员等技术岗位为就业岗位群。

建筑装饰工程技术专业现有专任教师6人，企业兼职教师10余人。专任教师中，在职称结构上，高级职称1人、中级职称5人；在学历结构上，硕士5人，本科1人；在"双师"结构上，6人均为"双师型"教师，其中有高级工程师2人，工程师3人，一级注册建造师1人、注册监理工程师1人、注册造价工程师1人。所有教师均掌握了几项熟练的专业实践技能，专业教学团队"双师素质"特色鲜明。本专业形成了"专业带头人＋课程负责人＋骨干教师"的合理师资梯队。往届毕业生调查数据见表1。

表1　往届毕业生调查数据❶

项　　目	2019届	2018届
毕业一年后的就业率	98%	94%
毕业一年后的月收入	3486元	3889元
毕业生工作与专业相关的人数	92%	89%

❶ 数据来源：麦可思数据有限公司"湖南城建职业技术学院应届毕业生社会需求与培养质量跟踪评价报告（2018）"。

2. 专业荣誉（表2）

表2　建筑装饰工程技术专业特色与荣誉一览表

序号	年度	项目名称
1	2014	每位教师均有丰富的专业实践经验，建有多个工作坊，指导学生建立BIBO创业工作室，进入工作室的学生可随时参与实际过程项目，完成项目20余项
2	2015	本专业主持了教育部建筑装饰工程技术专业教学资源库子项目《建筑装饰制图》课程资源库的建设
3	2016	全国职业院校"建筑装饰综合技能"竞赛一、二等奖
4	2016	获全国高职高专建筑设计类优秀毕业设计大赛一、二等奖
5	2016	主持开发湖南省教育厅《建筑装饰工程技术专业学生技能抽查标准及题库》项目
6	2017	全国职业院校"建筑装饰综合技能"竞赛特等、一等奖
7	2018	湖南省"建筑装饰技术应用"竞赛一等奖

续表

序号	年度	项目名称
8	2019	湖南省"建筑装饰技术应用"竞赛二等奖
9	2019	与室内设计专业共同获得全国"建筑装饰技术应用"竞赛三等奖

二、专业前景

近年来，伴随我国经济的快速增长，城镇化进程的加快，我国建筑业持续增长，建筑装饰行业显现出了巨大的发展潜力；市场增长空间以平均每年 10% 以上的速度递增。

1．我国建筑装饰行业处于快速增长阶段

2013 年至 2018 年，我国 GDP 的年均增长速度为 7.8%，而同期全国建筑装饰行业增长速度达到 10.05%。我国建筑行业产值由 2013 年 9.5 万亿提高至 2016 年 19.4 万亿，增幅为 198.9%。在目前的"十三五"期间，公共建筑装饰装修（含整体楼盘成品房装修）工程总产值达到 4.6 万亿元，增幅为 136% 左右，年平均增长率 18.9%；住宅装饰装修目标达 2.2 万亿元，增长幅度在 26.3% 左右，年平均增长速度为 4.9% 左右，如表 3 所示。

表 3　2013—2018 年我国装饰装修产值情况 ❶

年　　度	装饰装修产值累计值（万亿元）
2018	4.51
2017	3.89
2016	3.46
2015	3.19
2014	2.93
2013	2.65

❶ 数据来源：中国建筑装饰协会

2．建筑装饰行业发展现状分析

建筑装饰行业是中国经济体制改革和对外开放的产物，也是中国最早引入市场机制、进行市场化运作的行业，中国建筑装饰行业以民营经济为主体，民营企业占建筑装饰企业总数的大多数。多数企业自成立起就建立起了同市场机制相适应的管理体制，形成了适应生产力发展水平的生产关系格局。行业内的竞争机制、用人机制、激励机制、分配机制等，在中国经济生活中具有时代性和超前性。行业内的设计水平、材料生产能力和施工技术水平也相应提高。

2017 年中国建筑装饰行业总产值达到 3.92 万亿元，其中家装行业产值为 1.9 万亿元，公装行业产值为 2.02 万亿元（图 1）。2018 年中国建筑装饰行业总产值达到了 4.51 万亿元。

建筑装饰行业市场空间广阔，成长性较好，而且进入门槛相对较低，对于学生就业有得天独厚的优势；根据《2017 年度中国建筑装饰行业发展报告》，2017 年末行业共有建筑装饰企业 13.2 万家，2018 年全行业从业者队伍约为 1630 万人，比 2017 年增加 10 万人，

增加幅度为 0.6%。其中新接收大专院校毕业生约 20 万人。截至 2018 年底，行业内接受过高等教育的人数达到 280 万人，比 2017 年提高了 7.69%。

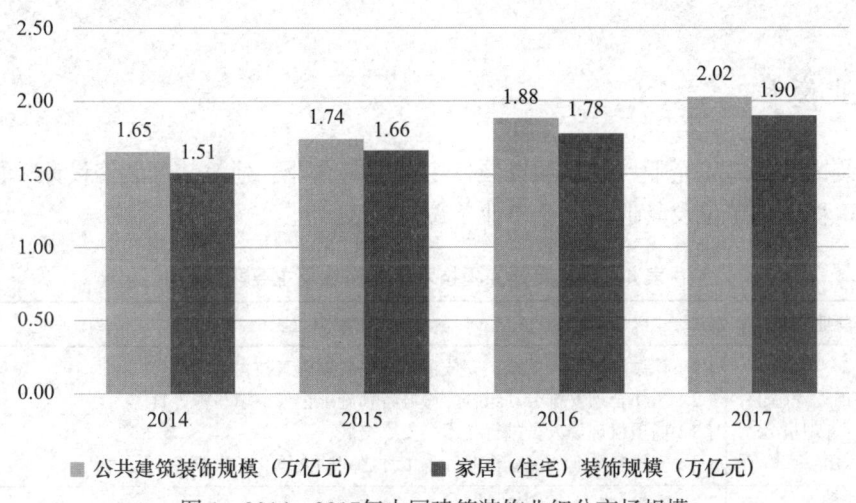

图 1　2014—2017 年中国建筑装饰业细分市场规模
（资料来源：公开资料整理）

3. 建筑装饰行业发展形势展望

建筑装饰行业的发展与国民经济发展水平密切相关，中国快速发展的宏观经济为建筑行业的发展提供了坚实的基础。同时，不可逆转的城市化进程为中国建筑装饰行业创造了持续的、巨大的市场需求，支撑着建筑装饰行业的持续高速发展。2016 年 9 月，国务院发布《推动 1 亿非户籍人口在城市落户方案》，提出加快实施户籍人口城镇化率，到 2020 年实现 1 亿非户籍人口在城市落户问题，同时全国户籍人口城镇化率提高到 45%。而近年来，中国城镇化率每年提高近 1.3 个百分点，每年新增城镇人口 1800 万，直接拉动建筑业需求在 7 亿平方米以上。此外，除了人口转移带来的增量需求，城市群发展作为推动未来中国新型城镇化的主体，相配套的生活、交通、商业等基础设施和空间的建设需求广阔，也必将为建筑装饰行业市场带来巨大的活力（图 2）。

项目	2020年总产值（万亿元）	2015—2020年均增速（%）	2015—2020年增长幅度（%）
建筑装饰行业	4.7	7	38.24
其中：公共建筑装饰	2.3	6.5	32.18
住宅装修	2.4	8	44.58
建筑幕墙	0.55	11	61.76
工程设计	0.167	12	75.79

图 2　"十三五"期间建筑装饰行业规模发展空间预测
（资料来源：公开资料整理）

随着建筑装饰行业对设计、造价、施工、维护等流程工序及各类信息的可视化要求越来越高，BIM 已经成为建筑业的一个象征，而 BIM 也成为中国建筑装饰行业未来转型的方向。

三、就业岗位

建筑装饰装修施工企业、建筑装饰装修工程监理企业、建筑装饰装修设计单位、建筑装饰装修工程管理单位及其他相关企事业单位等（表4）。

表 4　建筑装饰工程技术就业岗位及主要职责

序号	就业岗位	主要岗位职责
1	装饰工程施工管理员	（1）识读装饰施工图纸，完成项目现场各项施工技术指导； （2）工作合理安排劳动组合，做好各项施工记录，填写施工日志； （3）向项目现场人员进行技术、安全交底； （4）安排各专业的配套作业和各工种之间的立体交叉作业
2	装饰工程设计师	（1）各类型的室内空间设计； （2）沟通客户，协调关系，负责处理各专业之间的技术衔接； （3）设计文本的制作与方案汇报； （4）设计项目施工图与竣工图的绘制； （5）项目概预算的编制与审核； （6）项目施工工地现场技术指导与服务
3	施工图深化师	（1）准确把握主案设计的设计方案，负责工程项目装饰施工图设计； （2）有良好的团体合作精神，并按计划完成预期目标； （3）能同设计方及业主方有效地沟通，准确地理解业主方的意图，有效地进行图纸深化工作； （4）负责与项目其他相关专业的协调，并解决问题； （5）项目施工工地现场技术指导与服务； （6）配合项目经理及施工员完成工程的竣工图纸绘制及整理工作
4	幕墙设计师	（1）编制幕墙工程设计计划，进行幕墙结构体系方案设计；工程图纸设计、幕墙设计标准化及流程体系建设； （2）幕墙及建筑外装修工程施工技术及现场管理； （3）参加幕墙及建筑外装修工程各项现场验收、评定、竣工验收备案、物业移交工作； （4）幕墙绘图和生产配合
5	装饰工程监理员	（1）记录现场工程项目人力、材料、主要设备及其使用状况； （2）获取工程计量和原始凭证，对工艺过程或施工工序、施工质量进行检测和记录
6	装饰工程造价员	识读建筑装饰工程施工图，进行装饰工程施工图预结算编制
7	装饰工程资料员	（1）建立装饰施工资料收集台账，进行资料交底； （2）资料的收集、审查、整理、立卷、归档、封存和安全保密工作
8	装饰工程材料员	询价采购建筑装饰材料，检测、把控项目材料质量，并及时进行验收与管理

四、核心技能及考核方式、标准

建筑装饰工程技术专业应具有装饰工程施工管理及工艺质量验收能力、编制装饰工程经济标能力（即编制装饰工程预决算的能力），编制建筑装饰工程设计标能力（即绘制装饰工程方案图、施工图的能力）及编制装饰工程技术标的能力（即编制装饰工程施工组织方案的能力）。

每一项能力可以根据不同的侧重点进行核心技能的细化。学生在学校学习期间，需要掌握工程识图与绘制、前期调研、资料收集及项目功能分析、装饰工程方案设计成果汇编、装饰施工图绘制、项目实施、装饰施工及管理、计算机应用等多方面与专业相关的核心技能（表5）。

表5 建筑装饰工程技术专业四大核心技能

核心技能	对应课程	考核标准
装饰项目施工与管理	建筑装饰制图	考核能否准确识读装饰施工图集设计详图，能否找出图纸自身的缺陷和错误，审阅图纸设计是否符合国家有关政策和规定（如施工规范等），各专业工种设计是否协调和吻合，施工的可行性；考核能否对应项目编制施工组织设计文件，做好施工进场前的各项准备工作；能否严格按照施工图和施工组织设计，协助施工管理员进行现场施工技术管理；协助施工管理员对施工进度、施工成本、施工工艺流程、施工质量、施工安全等进行有效的控制和指导
	建筑装饰工程施工技术	
	建筑装饰工程组织与管理	
	建筑装饰工程计量与计价	
装饰项目设计能力	室内设计基础	考核学生对室内设计原理、各类室内空间设计要点的掌握情况，能否完成各类小型室内空间方案设计，绘制平面、立面、局部效果图等，能否进行设计分析及分析图的制作；考核对室内装饰施工图绘制技能掌握情况，能否完成装饰施工图等简单施工图的绘制；考核文件汇编能力，能否按设计程序和要求编制设计方案文本，整理设计过程资料
	室内陈设与制作	
	建筑装饰空间设计	
装饰工程质量检测能力	装饰材料与构造	能否根据项目特点合理选用装饰材料，控制成本、检查项目现场施工质量
	装饰工程质量检验与检测	
	幕墙装饰施工技术	
装饰施工图深化	建筑装饰制图	考核学生熟练掌握计算机绘图软件（CAD/PS/SU/3D）技能，考核能否准确绘制对应项目装饰施工图集设计详图；能否找出图纸自身的缺陷和错误，审阅图纸设计是否符合国家有关政策和规定（如施工规范等），设计与施工的可行性
	装饰施工图深化	
	建筑CAD	
	BIM技术应用	

五、专业课程及实践环节（表6～表8）

表6 建筑装饰工程技术专业各学期专业课程一览表

学期	主要课程	考核方式	考核成果	考核时间
第一学期	思想道德修养与法律基础	考试		第20周
	形势与政策	考试		第20周
	大学生安全教育	考查		第20周
	大学生心理健康教育	考查		第20周

续表

学期	主要课程	考核方式	考核成果	考核时间
第一学期	大学生职业生涯规划	考查		第20周
	大学英语（一）	考试		第20周
	体育与健康	考查		第20周
	建筑力学（一）	考试		第20周
	建筑构造与识图（一）	考试	技能考核	第20周
	建筑工程材料与检测	考试		第20周
	计算机应用基础	考查	考证	第20周
	认识实习	考查	交认识实习报告	第20周
	军事技能训练	考查		第4周
第二学期	思想道德修养与法律基础	考试		第20周
	形势与政策	考试		第20周
	大学生心理健康教育	考查		第20周
	大学英语（二）	考试		第20周
	体育与健康	考查		第20周
	军事理论	考查		第20周
	大学人文基础	考查		第20周
	大学应用数学基础	考试		第20周
	建筑工程测量	考试	技能考核	第20周
	建筑力学（二）	考试		第20周
	建筑构造与识图（二）	考试	技能考核	第20周
	公共选修课	考查		第20周
第三学期	毛泽东思想和中国特色社会主义理论体系概论	考试		第20周
	形势与政策	考试		第20周
	大学生创新创业教育	考查		第20周
	体育与健康	考查		第20周
	劳动专题教育	考查		第20周
	建筑CAD	考查	考证	第20周
	混凝土结构	考试	技能考核	第20周
	装饰工程施工技术（一）	考试	技能考核	第20周
	建筑装饰设计（家装空间设计）	考查	技能考核	第20周
	建设工程法规	考查		第20周
	建筑装饰效果图制作（PS＋SU）	考查		第20周
	公共选修课	考查		第20周
	专业选修课	考查		第20周

学期	主要课程	考核方式	考核成果	考核时间
第四学期	毛泽东思想和中国特色社会主义理论体系概论	考试		第20周
	形势与政策	考试		第20周
	大学生就业教育与职业指导	考查		第20周
	体育与健康	考查		第20周
	BIM建模及应用	考查	考证	第20周
	建筑装饰工程计量与计价	考查	技能考核	第20周
	装饰工程施工技术（二）	考试	技能考核	第20周
	建筑装饰工程质量检验与检测	考查	技能考核	第20周
	建筑装饰设计（公共空间设计）	考查	技能考核	第20周
	幕墙装饰施工	考查		第20周
	建筑智能化系统集成	考查		第20周
	专业选修课	考查		第20周
第五学期	形势与政策	考试		第9周
	建筑装饰施工图深化设计	考查		第9周
	建筑装饰工程施工组织与管理	考试		第9周
	专业选修课	考查		第9周
	综合实训（毕业设计）	考查	毕业设计成果上传至管理平台	第20周
第六学期	顶岗实习	考查	实习日志、实习周记、实习总结	第20周

表7　建筑装饰工程技术实践性教学环节安排表

课程类别			实训项目名称	对应理论课程名称	内容及教学要求	专用周数	学分	开设学期	备注
公共实践		1	军事技能训练		军姿、军纪及必备军事技术能力训练	3	2	1	
		2	大学生综合素质实践（劳动实践）		在校期间，须累计修满500素质实践分	分散	2	1~5	
专业实践	单项课程实践	1	建筑装饰制图实训	建筑构造与识图	1. 识图与绘图 2. 装饰施工图识图	1	1	1	
		2	室内设计基础实训	室内设计基础	室内空间认知与调研	1	1	2	
		3	建筑CAD实训	建筑CAD	装饰施工图CAD绘制	1	1	2	
		4	建筑装饰材料与构造实训	建筑装饰材料与构造	1. 认知与调研材料 2. 构造图绘制与实训	2	2	2	
		5	建筑装饰施工技术实训	建筑装饰施工技术	各界面装饰施工技术应用	1	1	3	

续表

课程 类别		实训项目名称	对应理论 课程名称	内容及教学要求	专用 周数	学分	开设 学期	备注
专业实践	单项课程实践	6 家装空间设计实训	建筑装饰设计（家装空间设计）	住宅空间设计	1	1	3	
		7 公共空间设计实训	建筑装饰设计（公共空间设计）	商业、展示、办公空间设计	1	1	4	
		8 建筑装饰工程计量与计价实训	建筑装饰工程计量与计价	工程量清单计价表（文件）	1	1	4	
		9 建筑装饰施工图实训	建筑装饰施工图绘制	建筑装饰施工图深化设计	1	1	5	
	综合性实践	1 认识实习	工种实训	专业认知	1	1	1	
		2 室内陈设制作实训	室内陈设制作	整体宅配 照明设计	1	1	4	
		3 综合实训（毕业设计）	所学课程	1. 识图 2. 工程量计算 3. 施工组织设计	9	9	5	
		4 顶岗实习	所学课程		24	24	5、6	
合计					49	50		

表8 学生考证安排表

序号	课程名称	证书名称	考试时间
1	装饰计量与计价	造价员	教务处安排
2	装饰工程施工技术等	施工员等八大员	教务处安排
3	BIM模型及应用	建筑信息模型（BIM）职业技能等级证书	每年4次

六、毕业标准

1. 基本修业年限3年，学生可以根据自身学习需求，合理、弹性安排学习时间，最长不超过6年。

2. 按规定修完所有课程，成绩全部合格，学分达到毕业规定学分。

3. 毕业设计成果考核合格；参加半年的顶岗实习并考核合格。

4. 学生体质健康测试综合成绩合格，综合素质实践教育考核合格。

5. 鼓励学生在校期间获得职业资格证、职业技能等级证书以及普通话、英语三级等证书，但不与毕业证挂钩。

6. 本专业毕业生继续学习主要有两种途径：一是参加专升本；二是参加自学考试，其专业面向建筑学、室内设计等。

工程造价专业

一、专业现状

1. 专业团队简介

工程造价专业拥有专任教师26人，其中教授2名，副教授或高级工程师5名，讲师或工程师18名，助教1名，"双师型"教师比例达94.7%，具有研究生学历或硕士以上学位的比例为94.7%，具有造价工程师、一级建造师、二级建造师等职业资格的比例为90%以上。

2. 专业荣誉（表1）

表1　工程造价专业历年荣誉一览表

序号	年度	项目名称
1	2005	省级教改试点专业
2	2009	省级精品专业
3	2011	省级特色专业
4	2012	工程造价专业带头人胡六星老师为"省级专业带头人"
5	2013	湖南省第一届高职高专学生工程造价技能竞赛一等奖
6	2018	全国住房和城乡建设职业教育教学指导委员会创新发展行动计划——骨干专业
7	2008—2019	每年参加全国工程造价算量大赛，获得全国单项一等奖、二等奖，团体二等奖、三等奖等奖项

二、就业岗位

工程造价专业培养面向建设单位、建筑施工与房地产开发企业、设计单位、工程造价咨询机构、工程造价管理部门的高素质技术技能人才，具体岗位为建筑、装饰、安装、市政工程造价员等，相应的职业资格证书有造价员、资料员等。经过一定年限的工作实践后，可以成长为造价工程师、咨询工程师等，从事工程造价的全过程管理。毕业生实行"双证制"，即毕业证和职业资格证。岗位、典型工作任务及职业能力见表2。

表2　职业岗位、典型工作任务、职业能力一览表

岗位	典型工作任务	职业能力
造价员	1. 识读施工图 2. 识别与选用常用的工程材料 3. 认知施工工艺	1. 具备正确识读一般建筑、安装工程施工图的能力；具备识别与选用一般建筑材料的能力。 2. 具备应用建筑、安装工程消耗量定额，计算建筑、安装工程工程量的能力。

岗位	典型工作任务	职业能力
造价员	4. 比较施工方案,确定施工措施项目 5. 常见工程项目消耗量指标的确定 6. 消耗量标准等工程计价依据的应用 7. 收集工程资源(工、料、机)价格信息,确定工程单价 8. 工程计量与工程量清单的编制 9. 工程计价与工程预结算文件编制 10. 工程预结算文件的审核 11. 工程项目竣工验收资料的收集与整理 12. 工程项目投资财务评价 13. 工程项目的招标与投标 14. 施工合同的谈判与签订,合同履行中变更、签证、索赔管理以及工程价款的结算 15. 建设项目工程造价阶段控制 16. 利用工程造价软件编制建筑工程项目计价文件	3. 具备应用建筑、安装工程消耗量定额与工程资源(工、料、机)价格信息,计算工程资源单价和确定分项工程单价的能力。 4. 具备应用《建设工程工程量清单计价规范》,编制建筑、安装工程工程量清单和工程量清单计价文件,计算确定工程总造价的能力。 5. 具备从事一般建筑工程施工项目进度管理,编制施工预算、进行施工项目成本分析与管理的能力。 6. 具备一般建筑工程项目投资经济分析能力。 7. 具备参与工程项目分阶段造价管理能力。 8. 具备从事和参与工程招标、投标文件编制与合同管理,实施工程索赔的能力。 9. 具备较强的文字写作、语言表达、社交公关能力和计算机应用能力。 10. 具备职业人应具有的政治觉悟与职业道德修养;较强的敬业精神与协作意识;良好的身体和心理素质

三、核心技能及考核方式、标准

工程造价专业技能考核内容包括专业基本技能、岗位核心技能和跨岗位综合技能三个部分(表3)。其中专业基本技能部分包含2个技能考核模块,通过考核测试学生识读和绘制施工图的技能;测试学生BIM软件的建模技能。岗位核心技能包含4个技能考核模块,通过考核测试学生确定定额消耗量指标的技能;套用定额的技能;计算工料单价的技能;建筑(安装、市政)工程工程量清单编制技能;建筑(安装、市政)工程工程量清单计价技能;利用BIM软件进行工程量计算以及计价的技能。跨岗位综合技能包含3个技能考核模块,通过考核测试学生建设项目决策和财务分析的技能;建设项目招投标与合同管理的技能;编制工程索赔文件和工程结算文件的技能。

表3 工程造价技能考核

序号	考核技能	考核模块	考核项目	主要考核能力
1	专业基本技能	模块一:施工图的识读与绘制	项目一:施工图的识读与绘制	施工图识读与绘制的能力
		模块二:BIM建模	项目二:BIM建模	BIM软件操作应用的能力
2	岗位核心技能	模块三:定额的编制与应用	项目三:定额人、材、机消耗量的确定	编制工程预算定额的能力
			项目四:定额的套用	
			项目五:人、材、机单价的确定	
		模块四:工程量清单编制	项目六:建筑工程工程量清单编制	编制工程量清单的能力
			项目七:安装工程工程量清单编制	

续表

序号	考核技能	考核模块	考核项目	主要考核能力
2	岗位核心技能	模块四：工程量清单编制	项目八：市政工程工程量清单编制	编制工程量清单的能力
		模块五：工程量清单计价	项目九：建筑工程工程量清单计价	编制工程量清单报价文件的能力
			项目十：安装工程工程量清单计价	
			项目十一：市政工程工程量清单计价	
		模块六：BIM在工程造价中的应用	项目十二：BIM工程量计算	运用BIM软件进行工程造价管理，以及用模型进行项目管理的能力
			项目十三：BIM工程计价	
3	跨岗位综合技能	模块七：建设项目决策和财务分析	项目十四：建设项目决策和财务分析	建设工程技术经济指标的计算和分析的能力
		模块八：建设项目招投标与合同管理	项目十五：建设项目招投标与合同管理	参与企业建设工程招投标工作的能力
		模块九：建设工程索赔和工程结算	项目十六：工程索赔	施工项目成本管控能力
			项目十七：工程结算	处理工程变更、价格调整等引起的工程造价变化的能力；编制工程结算的能力

四、专业课程及实践环节（表4~表7）

表4　工程造价专业（建筑方向）各学期专业课程一览表

学期	主要课程	考核方式	考核时间
第一学期	思想道德修养与法律基础	考试	第20周
	形势与政策	考试	第20周
	大学生安全教育	考查	第20周
	大学生心理健康教育	考查	第20周
	大学生职业生涯规划	考查	第20周
	大学英语（一）	考查	第20周
	体育与健康	考查	第20周
	大学人文基础	考查	第20周
	计算机应用基础	考查	第20周
	建筑构造与识图	考试	第20周
	社交礼仪	考查	第20周

续表

学期	主要课程	考核方式	考核时间
第二学期	思想道德修养与法律基础	考试	第20周
	形势与政策	考试	第20周
	大学生心理健康教育	考查	第20周
	军事理论	考查	第20周
	大学英语（二）	考查	第20周
	体育与健康	考查	第20周
	大学应用数学基础	考查	第20周
	建筑材料	考试	第20周
	建筑CAD	考查	第20周
	建筑结构基础与识图	考查	第20周
	财务会计基础	考查	第20周
	建设法规	考试	第20周
第三学期	毛泽东思想和中国特色社会主义理论体系概论	考试	第20周
	形势与政策	考试	第20周
	大学生创新创业教育	考查	第20周
	体育与健康	考查	第20周
	劳动教育专题	考查	第20周
	建筑工程经济	考试	第20周
	建设工程定额原理与实务	考试	第20周
	建筑工程施工工艺	考查	第20周
	BIM建模	考查	第20周
	BIM钢筋算量	考查	第20周
	应用文写作	考查	第20周
第四学期	毛泽东思想和中国特色社会主义理论体系概论	考试	第20周
	形势与政策	考试	第20周
	大学生就业教育与职业指导	考查	第20周
	体育与健康	考查	第20周
	建设工程招投标与合同管理	考试	第20周
	建筑工程计量与计价	考试	第20周
	施工组织与进度管理	考查	第20周
	安装工程识图与施工工艺	考查	第20周
	房地产开发与管理、工程监理、管理学基础（选修）	考查	第20周
	ISO9000族质量管理体系	考查	第20周
	GB/T 50430工程建设施工企业质量管理规范	考查	第20周
	演讲与口才	考查	第20周

学期	主要课程	考核方式	考核时间
第五学期	形势与政策	考查	第20周
	安装工程计量与计价	考试	第20周
	工程造价BIM软件应用	考查	第20周
	工程造价控制	考试	第20周
	建设工程资料管理、施工项目成本管理、房地产投资分析、物业管理实务、建筑工程质量与安全管理（选修）	考查	第20周
第六学期	顶岗实习及毕业教育	考查	第20周

注：其中，考试是以闭卷考试、实操等方式进行；考查以交作业、写报告、做PPT等方式进行。

表5　工程造价专业（市政方向）各学期专业课程一览表

学期	主要课程	考核方式	考核时间
第一学期	思想道德修养与法律基础	考试	第20周
	形势与政策	考试	第20周
	大学生安全教育	考查	第20周
	大学生心理健康教育	考查	第20周
	大学生职业生涯规划	考查	第20周
	大学英语（一）	考查	第20周
	体育与健康	考查	第20周
	大学人文基础	考查	第20周
	计算机应用基础	考查	第20周
	建筑构造与识图	考试	第20周
	社交礼仪	考查	第20周
第二学期	思想道德修养与法律基础	考试	第20周
	形势与政策	考试	第20周
	大学生心理健康教育	考查	第20周
	军事理论	考查	第20周
	大学英语（二）	考查	第20周
	体育与健康	考查	第20周
	大学应用数学基础	考查	第20周
	建筑材料	考试	第20周
	建筑CAD	考查	第20周
	建筑结构基础与识图	考查	第20周
	财务会计基础	考查	第20周
	建设法规	考试	第20周

续表

学期	主要课程	考核方式	考核时间
第三学期	毛泽东思想和中国特色社会主义理论体系概论	考试	第20周
	形势与政策	考试	第20周
	大学生创新创业教育	考查	第20周
	体育与健康	考查	第20周
	劳动教育专题	考查	第20周
	建筑工程经济	考试	第20周
	建设工程定额原理与实务	考试	第20周
	建筑工程施工工艺	考查	第20周
	BIM建模	考查	第20周
	BIM钢筋算量	考查	第20周
	工程测量	考查	第20周
	应用文写作	考查	第20周
第四学期	毛泽东思想和中国特色社会主义理论体系概论	考试	第20周
	形势与政策	考试	第20周
	大学生就业教育与职业指导	考查	第20周
	体育与健康	考查	第20周
	建设工程招投标与合同管理	考试	第20周
	建筑工程计量与计价	考试	第20周
	施工组织与进度管理	考查	第20周
	市政工程识图与施工工艺	考查	第20周
	房地产开发与管理、工程监理、管理学基础（选修）	考查	第20周
	ISO9000族质量管理体系	考查	第20周
	GB/T 50430工程建设施工企业质量管理规范	考查	第20周
	演讲与口才	考查	第20周
第五学期	形势与政策	考试	第20周
	市政工程计量与计价	考试	第20周
	工程造价BIM软件应用	考查	第20周
	工程造价控制	考试	第20周
	建设工程资料管理、施工项目成本管理、房地产投资分析、物业管理实务、建筑工程质量与安全管理（选修）	考查	第20周
第六学期	顶岗实习及毕业教育	考查	第20周

表6 工程造价专业实践性教学环节安排表

课程类别		实训项目名称	对应理论课程名称	内容及教学要求	开设周数	学分	开设学期	备注
公共实践	1	军事技能训练		军姿、军纪及必备军事技术能力训练	3	2	1	
	2	大学生综合素质实践（劳动实践）		在校期间，须累计修满500素质实践分	分散	2	1~5	
		分类小计			3	4		
专业实践	单项课程实践 1	某工程结构施工图的识读与绘制实训	建筑结构基础与识图	结构施工图抄绘、识图训练	1	1	2	
	2	某建设工程项目投资财务评价	建筑工程经济	某建设工程项目投资财务评价	1	1	3	
	3	某工程预算定额的编制与应用	工程建设定额原理与实务	某工程预算定额的编制与应用	1	1	3	
	4	建设项目施工招标文件与投标文件的编制	建设工程招投标与合同管理	根据工程项目背景编制一份施工招标文件	1	1	4	
	5	某建筑装饰工程清单计价文件编制	建筑工程计量与计价	一般土建单位工程施工图预算的编制，建筑工程工程量清单与清单报价表的编制	2	2	4	
	6	某单位工程施工组织设计编制	施工组织与进度管理	单位工程施工组织设计编制	1	1	4	
		分类小计			7	7		
	综合性实践 1	认识实习			1	1	1	
	2	BIM技术综合应用实训		通过BIM5D平台对某工程项目进行工程造价管理和项目管理工作	1	1	5	
	3	综合实训（毕业设计）		根据工程项目背景编制一份清单计价文件	8	8	5	
	4	顶岗实习		建设工程工程造价相关岗位顶岗实习	24	24	5、6	
		分类小计			34	34		
		合计			44	44		

表7 学生考证安排表

序号	课程名称	证书名称	考试时间
1	计算机应用基础	计算机等级证	学院统一安排
2	大学英语	英语等级证	学院统一安排
3	工程CAD	中级制图员	学院统一安排
4	BIM建模	建筑信息模型（BIM）职业技能等级证书	学院统一安排

续表

序号	课程名称	证书名称	考试时间
5	建筑构造与识图	建筑工程识图技能等级证书	学院统一安排
6	建筑工程计量与计价	造价员	学院统一安排
7		八大员	学院统一安排

五、毕业标准

1. 按规定修完所有课程，成绩全部合格；
2. 认知实习达到合格标准；
3. 毕业设计成果按照要求上传至指定平台；
4. 参加半年的顶岗实习并考核合格；
5. 实行"双证毕业"。

建设工程管理专业

一、专业现状

1. 专业简介

本专业现有专任教师 14 人。专任教师中，在职称结构上，副教授、高级职称 3 人；在学历结构上，硕士 12 人；在"双师"结构上，具有"双师型"教师 10 人，其中建造师 6 人、造价工程师 2 人、招标师 1 人。90% 以上的教师掌握不同层次的实践技能，专业教学团队"双师素质"特色鲜明。形成了"专业带头人＋课程负责人＋骨干教师＋青年教师"的合理师资梯队。

2. 专业荣誉（表1）

表1　建设工程管理专业历年荣誉一览表

序号	年度	项目名称
1	2013	院级重点专业
2	2014	立项《建设工程招投标与合同管理》课程为院级精品资源库
3	2019	立项《职业教育建设工程管理专业教学资源库》为省级资源库建设项目

二、专业前景

建设工程管理专业主要为建筑业、房地产业培养具有专业技术基础的管理型人才。当前，我国已进入现代化发展的中前期，各种基础设施项目和房屋建筑的建设任务极为繁重。同时，我国城市化水平仅为 36% 左右，而发达国家普遍超过 70%，如果在 21 世纪中叶可以达到这种水平，则每年需要有 1600 万人口转入城市，这需要相应规模的城市基础设施、商业设施，特别是住宅建筑。

建设工程管理专业的毕业生就业范围十分广泛，他们可在政府经济管理部门或建设单位、设计单位、建筑施工企业、工程建设监理单位、房地产开发企业、工程咨询公司、国际工程公司、投资与金融等单位从事工程管理等工作。据有关资料显示，近年来该专业就业分布较多的省市主要集中在上海、北京、广东、天津、江苏等。目前工资一般可以达到4000 ～ 6000 元／月。

三、就业岗位

建设工程管理专业培养理想信念坚定，德、智、体、美、劳全面发展，具有一定的科学文化水平，良好的人文素养、职业道德和创新意识，精益求精的工匠精神，较强的就业能力和可持续发展的能力，掌握项目管理工程技术人员所需的施工图绘制与识读、建设工程招投标与合同管理、建设工程施工工艺和施工技术、建设工程施工组织与进度管理、建设工程计量与计价等专业知识和建设工程合同管理和索赔能力、参与编制工程量清单及工程商务报价、施工现场组织和协调、建设工程施工质量和安全生产管理、处理施工中的一般技术问题等专业技术能力，面向建筑业与工程技术咨询服务行业的技术管理人员职业群，能够从事工程项目管理、资料管理和造价管理等相关工作的首选复合型技术技能人才。

　　学生毕业后可从事项目经理助理、资料员、土建造价员等工作岗位。毕业两年后可以通过国家二级建造师考试获得二级建造师执业资格，通过注册从事相关建造师工作；本专业毕业生也可以经过将来更长时间的工程实践和努力获取一级建造师、造价工程师和监理工程师等更高层次的执业资格。就业初始岗位、典型工作任务及职业能力见表2。

表2　就业岗位、典型工作任务、职业能力一览表

面向岗位	职业岗位典型工作任务分析		需要的职业能力
	工作任务	工作要求	
项目经理助理	招标与投标	◇ 招标程序符合法规要求，投标工作符合招标文件要求 ◇ 编制的招标公告、招标文件合理、规范 ◇ 参与编制的投标文件科学、规范	（1）能够识读施工图和其他工程设计、施工等文件； （2）能够组织参与建设工程项目招标活动，能够根据招标投标相关法规和业主要求编写招标文件； （3）能够按照招标文件要求，进行投标文件的整理，参与投标活动； （4）能够协助（甲、乙方）项目经理开展合同拟定、实施与管理工作； （5）能够进行工程量计算及工程计价； （6）能够确定施工质量控制点，参与编制质量控制文件、实施质量交底； （7）能够正确划分施工区段，合理确定施工顺序； （8）能够进行资源平衡计算，参与编制施工进度计划及资源需求计划，控制调整计划； （9）能够正确使用测量仪器，进行施工测量
	合同拟定、实施与管理	◇ 合同条款拟定和风险防控 ◇ 合同交底、实施 ◇ 参与办理合同变更、索赔	
	材料、施工质量控制	◇ 材料质量达到规定的要求，适合工程使用 ◇ 做好材料检测记录 ◇ 施工工艺满足要求 ◇ 施工质量达到规定的要求 ◇ 施工测量精度符合要求	
	施工组织策划	◇ 项目管理模式选择的正确性 ◇ 施工队伍选择和任务分配的合理性 ◇ 项目班子配置的有效性	
	进度、成本和安全控制	◇ 确保安全生产符合合同要求和施工组织设计目标 ◇ 施工成本必须控制在合同总价范围内 ◇ 实际工期必须控制在合同工期内	
资料员	工程文件接收管理	◇ 资料管理计划详尽，可操作性强 ◇ 监督检查工作到位 ◇ 资料收集完整、齐全，整理、归档及时	（1）能够识读施工图和其他工程设计、施工等文件； （2）能够记录施工情况，编制相关工程技术资料； （3）能够利用专业软件对工程信息资料进行处理； （4）具备对工程建设各阶段应形成的文件档案资料进行建立、整理、督促、监督、检查的能力
	文件建档、归档管理	◇ 工程档案库必须安全、清洁，并做到"六防" ◇ 借阅工程资料时，必须履行相关手续，且不得损坏或遗失 ◇ 工程资料的收回、销毁按本单位和本地档案管理的有关规定执行	
	工程资料管理	◇ 登记制度严格执行，做到详尽、真实 ◇ 凡是受控文件不得擅自复印，必须复印应经主管领导批准 ◇ 使用本单位印章必须严格执行上级的有关规定和印鉴管理规定	

续表

面向岗位	职业岗位典型工作任务分析		需要的职业能力
	工作任务	工作要求	
土建造价员	工程计量计价	◇ 准确计算建筑工程量计 ◇ 熟练运用消耗量定额、计价文件、信息价、计价软件进行计价	（1）能够编制建筑和安装工程预算、工程量清单、工程量清单报价； （2）能够与团队合作完成工程投标报价的各项工作； （3）能够处理工程变更、价格调整等引起的工程造价变化工作； （4）能够编制工程结算； （5）能够运用BIM软件进行工程造价管理
	招投标与合同管理	◇ 编制招标控制价、商务标文件 ◇ 及时、准确办理合同价款变更、工程索赔、现场签证文件 ◇ 运用BIM软件进行施工过程造价控制	
	工程结算	◇ 合理编制中间结算、竣工结算文件	

四、核心技能及考核方式、标准（表3）

表3　建设工程管理专业核心技能考核标准

核心技能	考核点	考核标准
招投标管理	招标文件编制	结合项目实际，符合相应规范、要求； 文件格式整齐、内容完整
	投标文件编制	结合项目实际，符合相应规范、要求； 文件格式整齐、内容完整
施工管理	施工组织与进度管理	结合项目实际，合理制定施工组织设计； 施工方案科学有针对性、平面布置合理、正确编制流水施工横道图、双代号网络进度计划
	质量与安全管理	结合项目实际，符合相应规范、要求； 操作规范、熟练
造价管理	工程量清单编制	结合项目实际，文件格式符合相应规范、要求； 计算规则运用正确，工程量计算准确
	工程量清单报价文件编制	结合项目实际，定额选用合理，综合单价计算
资料管理	资料的收集	结合项目实际，符合相应规范、要求； 资料填写收集程序正确，填写规范
	资料的组卷	结合项目实际，符合相应规范、要求； 资料组卷规范、熟练
	资料的移交	结合项目实际，符合相应规范、要求； 资料移交程序清晰、操作规范

五、专业课程及实践环节（表4～表6）

表4　建设工程管理专业各学期专业课程一览表

学期	主要课程	考核方式	考核时间
第一学期	思想道德修养与法律基础	考试	第20周

续表

学期	主要课程	考核方式	考核时间
第一学期	形势与政策	考试	第20周
	大学生安全教育	考查	第20周
	大学生职业生涯规划	考查	第20周
	大学生心理健康教育	考查	第20周
	大学英语	考试	第20周
	体育与健康	考查	第20周
	计算机应用基础	考查	第20周
	大学应用数学基础	考查	第20周
	大学人文基础	考查	第20周
	建筑构造与识图	考试	第20周
	社交礼仪	考查	第20周
	军事技能训练	考查	第20周
	认识实习	考查	第20周
第二学期	思想道德修养与法律基础	考试	第20周
	形势与政策	考试	第20周
	大学生心理健康教育	考查	第20周
	军事理论	考查	第20周
	大学英语	考试	第20周
	体育与健康	考查	第20周
	大学应用数学基础	考试	第20周
	建筑材料	考试	第20周
	建筑CAD	考查	第20周
	建筑结构基础与识图	考试	第20周
	财务会计基础	考查	第20周
	建设法规	考试	第20周
	艺术类选修课（8选1）	考查	第20周
第三学期	毛泽东思想和中国特色社会主义理论体系概论	考试	第20周
	形势与政策	考试	第20周
	大学生创新创业教育	考查	第20周
	体育与健康	考查	第20周
	劳动专题教育	考查	第20周
	建设工程项目管理	考试	第20周
	建筑施工技术	考试	第20周
	工程测量	考查	第20周
	民用建筑识读与绘制	考试	第20周

学期	主要课程	考核方式	考核时间
第三学期	工程建设定额原理与实务	考查	第20周
	思政系列课程（3选1）	考查	第20周
	应用文写作/普通话	考查	第20周
	工种实训	考查	第20周
第四学期	毛泽东思想和中国特色社会主义理论体系概论	考试	第20周
	形势与政策	考试	第20周
	大学生就业教育与职业指导	考查	第20周
	体育与健康	考查	第20周
	建筑工程经济	考试	第20周
	BIM技术与应用	考查	第20周
	建设工程招投标与合同管理	考试	第20周
	建筑工程计量与计价	考试	第20周
	建设工程资料管理	考试	第20周
	演讲与口才/中西方文学比较	考查	第20周
	ISO9000质量管理体系 GB/T 50430施工企业质量管理规范	考查	第20周
第五学期	形势与政策	考试	第10周
	建筑工程质量与安全管理	考查	第10周
	装配化建筑施工技术	考查	第10周
	工程造价BIM软件应用	考查	第10周
	商务标编制实务	考查	第10周
	BIM项目管理软件应用	考查	第10周
	毕业设计	考查	第20周
	顶岗实习（2周＋寒假3周）	考查	第六学期
第六学期	顶岗实习（19周）	考查	第20周

注：其中，考试是以闭卷考试、实操等方式进行；考查以交作业、写报告、做PPT等方式进行。

表5　建设工程管理专业实践性教学环节安排表

课程类别		实训项目名称	对应理论课程名称	内容及教学要求	开设周数	学分	开设学期	备注
公共实践	1	军事技能训练		军姿、军纪及必备军事技术能力训练	3	2	1	
	2	大学生综合素质实践（劳动实践）		在校期间，须累计修满500素质实践分	分散	2	1~5	
		分类小计			3	4		

续表

课程类别			实训项目名称	对应理论课程名称	内容及教学要求	开设周数	学分	开设学期	备注
专业实践	单项课程实践	1	结构施工图识读实训	建筑结构基础与识图	结构施工图识读	1	1	2	
		2	某建筑工程施工组织设计编制实训	建设工程项目管理	某单位工程施工组织设计编制	1	1	3	
		3	建筑工程测量实训	工程测量	施工项目定位放线、高程测量现场操作实训	1	1	3	
		4	建筑施工图的识读与绘制实训	民用建筑识读与绘制	建筑施工图抄绘、识图训练	1	1	3	
		5	Revit软件的土建、机电等建模实训	BIM技术与应用	使用Revit软件绘制出所给图纸的建筑模型、给水排水模型，并进行模型应用	1	1	4	
		6	建设工程施工招标文件与投标文件的编制实训	建设工程招投标与合同管理	根据工程项目背景编制施工招标文件和投标文件	1	1	4	
		7	某建筑工程清单计价文件的编制实训	建筑工程计量与计价	一般土建单位工程施工图预算的编制，建筑工程工程量清单与清单报价表的编制	1	1	4	
		8	某单位工程竣工资料的编制、收集与整理实训	建设工程资料管理	某单位工程竣工资料的编制、收集与整理	1	1	4	
		9	某工程商务标编制实训	商务标编制实务	编制某工程投标文件的商务标标书	1	1	5	
			分类小计			9	9		
	综合性实践	1	认识实习	建筑构造与识图、建筑结构基础与识图等	参观建筑物与施工工地，了解建筑构造、施工工艺、施工现场等情况	1	1	1	
		2	工种实训	建筑施工技术	墙体砌筑操作 钢筋质量检测 墙体质量检测	1	1	3	
		3	毕业设计综合实训	建设工程招投标与合同管理、建筑工程计量与计价、建设工程项目管理等	按照实际工程项目，学生分组编制工程量清单文件、投标报价文件、施工组织设计文件、投标函文件	8	8	5	
		4	顶岗实习		建设工程项目管理相关岗位顶岗实习	24	24	5、6	
			分类小计			34	34		
			合计			46	47		

表6　建设工程管理专业课证融通一览表

证书类别	证书名称	颁证单位	融通课程	
通用证书	高等学校英语应用能力考试证书	高等学校英语应用能力考试委员会	大学英语	
	普通话水平测试等级证书	湖南省语言工作委员会	演讲与口才、普通话	
"1＋X"职业技能等级证书	建筑信息模型BIM职业技能等级证书	廊坊市中科建筑产业化创新研究中心	专业基础技能课程	建筑构造与识图、建筑CAD
			专业核心技能课程	建设工程项目管理、建筑施工技术、建筑工程计量与计价
			专业拓展技能课程	BIM技术与应用
			实践性教学环节	毕业设计
	装配式建筑构件制作与安装职业技能等级证书	廊坊市中科建筑产业化创新研究中心	专业基础技能课程	建筑构造与识图、建筑结构基础与识图
			专业核心技能课程	建设工程项目管理、建筑施工技术、建筑工程计量与计价
			专业拓展技能课程	装配化建筑施工技术
			实践性教学环节	顶岗实习、毕业设计
	建筑工程识图职业技能等级证书	广州中望龙腾软件股份有限公司	专业基础技能课程	建筑构造与识图、建筑结构基础与识图
			专业核心技能课程	建筑工程计量与计价
			专业拓展技能课程	工程建设定额原理与实务
			实践性教学环节	顶岗实习、毕业设计
职业资格证书	九大员十岗位证书	湖南省住房和城乡建设厅	专业基础技能课程	建筑材料、建设法规
			专业核心技能课程	建筑施工技术、建设工程招投标与合同管理、建设工程项目管理、建设工程资料管理
			专业拓展技能课程	工程测量、施工组织与进度管理
			实践性教学环节	顶岗实习、毕业设计

六、毕业标准

1. 按规定修完所有课程，成绩全部合格；

2. 认知实习达到合格标准；

3. 毕业设计达到合格标准，且成果按照要求上传至指定平台；

4. 参加半年的顶岗实习并考核合格；

5. 大学生综合素质实践（劳动实践）修满500素质分；

6. 实行"双证毕业"。

房地产经营与管理专业

一、专业现状

1. 专业简介

房地产经营与管理专业拥有专兼职教师 11 人，其中专任教师 6 人，占总数的 54.5%，校内兼课教师 2 人，占总数的 18.2%，企业兼职教师 3 人，占总数的 27.3%。在职称构成上，具备副高级职称的 5 人，占 45.5%；具备中级职称的 4 人，占 36.4%；初级职称的 2 人，占 18.2%。整个教师队伍老中青比例较合理、学历层次达要求、专业对口且涵盖多个领域、高级职称人数多、具有丰富的企业从业经验的双师型教师多（7 人）。已经形成知识丰富、爱岗敬业、精干、富有战斗力和团队精神、能承担房地产教学团队所有课程教学任务的教师团队。

2. 专业发展历程（表1）

表 1　房地产经营与管理专业发展简况

序号	年度	项目名称
1	1994	房地产经营与管理（中专）开始招生
2	2004	房地产经营与估价（大专）开始招生
3	2012	立项院级特色专业
4	2015	第三届全国房地产经营与管理技能大赛团体二等奖
5	2016	第四届全国房地产经营与管理技能大赛团体一等奖
6	2016	房地产经营与估价专业更名为：房地产经营与管理
7	2017	第五届全国房地产经营与管理技能大赛团体二等奖 1 项、三等奖 1 项
8	2018	首届全国大学生房地产投资分析案例大赛团体三等奖
9	2018	第十届全国大学生房地产策划大赛团体一等奖 1 项、三等奖 1 项
10	2019	第十一届全国大学生房地产策划大赛团体二等奖 1 项、三等奖 1 项

二、专业前景

房地产业在我国经济生活中占有重要的地位，是国民经济的重要组成部分，由于城市化水平走势稳步提高，形成对房屋越来越高的需求；人口流动增加形成对住宅的需求；居民消费水平的提高；城市的旧城改造，增加居民对住宅的要求；深化改革与市场发展促进对住宅的需求，我国房地产市场将步入理性、健康、持续稳定发展的状态，形成对房地产专业技术人才的长期需求。

历届高职毕业生累计近 700 人，遍布全国各地，就业门路宽阔，每年就业率达 100%，毕业生供不应求，就业环境较好，待遇优厚。

三、就业岗位

学生毕业后可面向房地产经营与开发公司、房地产估价事务所、房地产投资咨询公司、房地产经纪公司、物业管理公司等从事房地产开发、估价、销售、经纪、营销策划等工作。经过一定年限的工作实践后，可以成长为房地产经纪人、房地产策划师、房地产估价师等。

各岗位典型工作任务与所需的职业能力见表 2。

表 2　房地产经营与管理专业职业岗位、典型工作任务、职业能力一览表

岗　　位	工作任务	需要的职业能力
房地产估价员 （估价师助理）	获取估价业务	房地产估价项目洽谈与合同签订能力
	估价技术交底	设计房地产估价技术路线、撰写房地产估价技术交底书能力
	外勘估价对象	外勘估价对象能力
	测算估价结果	价值测算能力
	撰写估价报告	撰写房地产估价报告等房地产估价文书能力
	估价归档	估价报告评审与估价资料归档能力
报建员	规划设计、初步设计施工图设计方案送审	规划设计方案、初步设计、施工图设计送审能力
	办理建设工程规划许可证	办理建设工程规划许可证能力
房地产经纪人 协理	房地产经纪市场调研	房地产经纪市场分析与市场调研报告编制能力
	房地产经纪业务拓展	房地产经纪业务（房源、客源）拓展能力
	房地产居间代理	房地产居间代理能力
	房地产经纪门店管理	房地产经纪门店的基本管理能力
	房地产销售	房地产销售能力
助理房地产 策划师	市场环境分析	具有编制房地产营销市场调查报告的能力
	市场细分与定位	运用STP策略做好项目定位能力
	房地产产品定位	制订房地产产品组合策略的能力
	销售推广策划	策划与开展营销推广和公共关系等其他促销活动的基本能力，具有销售渠道评判、选择和管理能力
	销售管理	编制销售管理计划及相关规章制度、对销售过程实施有限控制与管理的能力；销售人员的选聘、培训、管理与考核的能力

四、核心技能及考核方式、标准

依托湖南省高等职业院校房地产经营与管理专业学生专业技能考核标准、学生专业技能考核题库，结合我院房地产经营与管理专业实际情况，对四大核心技能按照院级标准进行技能考核（表3）。

表3　核心技能考核标准

核心技能	对应课程	考核标准
房地产开发与管理	房地产开发与管理	能准确把握房地产开发环境，按流程获取土地使用权，按要求实施项目报建，按要求开展项目建设管理
房地产经纪	房地产经纪	准确把握房地产经纪市场，积极拓展房源、客源，依法灵活开展居间代理活动，科学合理地制订房地产项目销售计划并开展销售活动
房地产策划	房地产策划	准确把握房地产营销市场，能够充分分析开发用地条件，对项目规划设计与户型等产品提出合理化建议，能够绘制产品方案草图；具有房地产项目营销策划、整合推广与执行能力
房地产估价	房地产价值测算	具有现场查勘、房地产交易实例调查表设计、房地产价值信息工作库构建、房地产价值测算模型设计能力；不同类型估价对象外勘表设计、不同类型房地产估价技术路线设计、房地产估价报告撰写与评析能力
	房地产估价实操	

五、专业课程及实践环节（表4、表5）

表4　房地产经营与管理专业各学期课程一览表

学期	主要课程	考核方式	考核时间
第一学期	思想道德修养与法律基础	考试	第20周
	形势与政策	考试	第4周
	大学生安全教育	考查	第4周
	大学生职业生涯规划	考查	第2周
	大学生心理健康教育	考查	第8周
	大学英语（一）	考查	第20周
	计算机应用基础	考查	第18周
	体育与健康	考查	第18周
	大学人文基础	考查	第15周
	计算机应用基础	考查	第18周
	建筑构造与识图	考查	第20周
	认识实习	考查	第10周
	艺术选修	考查	第18周

续表

学期	主要课程	考核方式	考核时间
第二学期	思想道德修养与法律基础	考试	第20周
	形势与政策	考试	第4周
	大学生心理健康教育	考查	第8周
	军事理论	考查	第18周
	大学英语（二）	考查	第20周
	大学应用数学基础	考查	第20周
	体育与健康	考查	第15周
	建筑CAD	考查	第17周
	建筑材料	考试	第20周
	财务会计基础	考试	第17周
	建设法规	考试	第20周
	建筑结构基础与识图	考试	第20周
	社交礼仪等（任选一门）	考查	第12周
第三学期	毛泽东思想和中国特色社会主义理论体系概论	考试	第20周
	形势与政策	考试	第4周
	大学生创新创业教育	考查	第4周
	体育与健康	考查	第14周
	管理学基础	考查	第20周
	居住区规划	考查	第14周
	施工组织进度管理／房地产统计（二选一）	考查	第14周
	房地产基本制度与政策	考查	第20周
	建筑工程经济	考查	第14周
	房地产开发与管理	考试	第20周
	房地产经纪（一）	考查	第14周
	应用文写作、普通话（任选一门）	考查	第12周
第四学期	毛泽东思想和中国特色社会主义理论体系概论	考试	第20周
	形势与政策	考试	第4周
	大学生就业教育与职业指导	考查	第4周
	体育与健康	考查	第14周
	建设工程项目招投标与合同管理	考试	第20周
	房地产价值测算	考查	第12周
	房地产经纪（二）	考试	第20周
	房地产策划（一）	考查	第12周
	PS技术与广告设计、BIM技术应用等任选2门	考查	第12周
	演讲与口才／中西文学比较（二选一）	考查	第12周

续表

学期	主要课程	考核方式	考核时间
第五学期	形势与政策	考试	第4周
	房地产估价实操	考试	第9周
	房地产策划（二）	考试	第9周
	房地产融投资分析	考试	第9周
	工程造价管理	考查	第9周
	房屋查验	考试	第8周
	物业环境与园林绿化、物业设备设施等任选1门	考查	第8周
	毕业设计	考查	第18周
第六学期	顶岗实习及毕业教育	考查	第1~19周

表5 房地产经营与管理专业实践性教学环节安排表

课程类别		实训项目名称	对应理论课程名称	内容及教学要求	专用周数	学分	开设学期	备注
公共实践	1	军事技能训练		军姿、军纪及必备军事技术能力训练	3	2	1	
	2	大学生综合素质实践（劳动实践）		在校期间，须累计修满500素质实践分	分散	2	1~5	
		分类小计			3	4		
专业实践	单项课程实践	1 工程建筑结构图的识读与绘制实训	建筑结构基础与识图	建筑施工图抄绘、识图训练	1	1	2	
		2 房地产公司基础会计实务实训	财务会计基础	房地产项目、企业会计流程实训	1	1	2	
		3 房地产项目规划设计实训	居住区规划	建筑群体及外部空间环境设计及技术经济评价	1	1	3	
		4 房地产销售技能	房地产经纪	房地产销售技能演示与展示	2	2	3	
		5 房地产经纪模拟实训	房地产经纪	房源与客源开发与管理、房地产交易居间服务、房地产交易代理服务实训	1	1	4	
		6 房地产项目定位策划实训	房地产策划	编制房地产项目定位策划方案	2	2	4	
		营销推广策划实训		编制营销策划报告	2	2	5	
		7 房屋查验报告	房屋查验	编制房屋查验报告	1	1	3	
		8 房地产估价技术实训	房地产价值测算	不同类型房地产交易实例调查表设计、房地产价值信息工作库构建、不同类型估价对象外勘表设计，确定估价对象、选取可比实例，并在Excel中建模，用比较法、收益法、成本法进行建模与房地产价值测算	3	3	4	
		房地产估价报告编制与评析实训	房地产估价实操	编制房地产估价报告、对报告进行评析	1	1	5	

续表

课程类别		实训项目名称	对应理论课程名称	内容及教学要求	专用周数	学分	开设学期	备注
专业实践	单项课程实践	9 房地产项目开发方案编制实训	房地产开发与管理	开发项目报建、建设管理方案制定、房地产项目管理实训	1	1	3	
		10 房地产项目可行性研究报告编制实训	房地产融投资分析	房地产开发项目投资分析及可行性研究报告编制	1	1	5	
		分类小计			17	17		
	综合性实践	1 认识实习	建筑构造与识图、建筑结构基础与识图等	参观建筑物与施工工地、房地产项目，了解建筑物、施工现场、房地产销售等情况	1	1	1	
		2 毕业设计	综合实训	房地产营销、策划、估价、可行性研究等综合实训	5	5	5	
		3 顶岗实习	顶岗实习	房地产经营与管理相关岗位顶岗实习	24	24	5、6	
		分类小计			30	30		
		合计			50	51		

六、毕业标准

1. 基本修业年限 3 年，学生可以根据自身学习需求，合理、弹性安排学习时间，最长不超过 6 年。

2. 按规定修完所有课程，成绩全部合格，学分达到毕业规定学分。

3. 毕业设计成果考核合格；参加半年的顶岗实习并考核合格。

4. 学生体质健康测试综合成绩合格，综合素质实践教育考核合格。

5. 鼓励学生在校期间获得职业资格证、职业技能等级证书以及普通话、英语三级等证书，但不与毕业证挂钩。

6. 本专业毕业生继续学习主要有两种途径：一是参加专升本；二是参加自学考试，其专业面向房地产经营与管理、工程管理等。

建筑经济信息化管理专业

一、专业现状

本专业现有学生 215 人，本专业共有教师 11 人，其中校内专任教师 7 人，占 64%；校外企业兼职教师 4 人，占 36%。学生数与本专业专任教师数比例为 19.5：1。本专业校内专任教师职称结构为：高级职称 3 人，占 43%；中级职称 1 人，占 14%；初级职称 3 人，占 43%。学历结构为：硕士及以上 5 人占 71%；本科 2 人，占 29%。双师结构为：国家注册会计师、高级会计师、会计师、经济师、工程师、建造师等"双师型"教师 6 人，占 80%。

二、专业前景

1. 社会需求量大。各行各业都需要财务会计人员，包括各企事业单位、会计师事务所、政府部门及非营利组织等，人才社会需求量大。

2. 行业特色鲜明。本专业在基本的会计职业培养基础上，针对建筑业、房地产业开设行业会计专门课程，行业会计特色鲜明，毕业生就业面更广。

3. 职业发展空间广阔。注册会计师是会计专业的基层职业，人才市场需要量大，一直是热门职业。

三、就业岗位

以建筑业企业会计、工程成本核算和工程财务审计为主要初始岗位，以会计主管、财务管理和审计主管为发展岗位。本专业主要职业岗位详见表 1。

表 1　建筑经济信息化管理专业面向职业岗位一览表

所属专业大类（代码）	所属专业类（代码）	对应行业（代码）	主要职业类别（代码）	主要岗位群或技术领域举例			职业资格证书和职业技能等级证书举例
				初始岗位	发展岗位	预计年限	
土木建筑（44）	建设工程管理（4405）	商务服务业（72）	会计专业人员（2-06-03-00）审计专业人员（2-06-04-00）	建筑业企业会计	会计主管 财务管理（会计师 注册会计师）	3年	智能财税 会计专业技术资格证（初级）审计专业技术资格证（初级）
				工程成本核算	会计主管 财务管理（会计师 注册会计师）	3年	
				工程财务审计	审计主管（注册会计师）	3年	

四、课程体系与对应能力（表2）

表2 建筑经济信息化管理专业课程体系与对应能力构架一览表

能力构架		支撑能力的课程体系
能力类别	主要能力细分	
通用能力	政治鉴别能力	思想道德修养与法律基础、毛泽东思想和中国特色社会主义理论体系概论、形势与政策、思政类选修（筑梦中国、法治中国、美丽中国、湘潭伟人名人文化）
	运动与身心健康调适能力	体育与健康、大学生心理健康教育
	自我管理与自我保护能力	军事理论、军事技能训练、大学生安全教育
	创新能力和就业创业能力	大学生职业生涯规划、大学生创新创业教育、大学生就业教育与职业指导
	计算机应用能力	计算机应用基础
	语言沟通与写作能力	大学人文基础、大学英语、应用文写作、普通话、中西方文学比较
	劳动能力与企业适应能力	劳动专题教育、大学生综合素质实践（劳动实践）、ISO9000质量管理体系、GB/T 50430施工企业质量管理规范
	逻辑思维能力	大学应用数学基础
	艺术鉴赏与审美能力	艺术类选修（艺术鉴赏、音乐鉴赏、美术鉴赏、舞蹈鉴赏、影视鉴赏、书法鉴赏、形体与气质塑造、歌唱技巧与合唱指挥）
	社会交往能力	社交礼仪、演讲与口才
专业基本能力	探究学习、终身学习、分析问题和解决问题的能力	建筑构造与识图、建筑结构基础与识图、财务会计基础、建筑CAD、建筑材料、建设工程招投标与合同管理
	良好的语言、文字表达能力和沟通能力	建筑构造与识图、建筑结构基础与识图、财务会计基础、建筑CAD、建筑材料、建设工程招投标与合同管理
	施工图识读能力	建筑构造与识图、建筑结构基础与识图
	建筑CAD软件操作应用的能力	建筑CAD
	对常用建筑材料识别能力	建筑材料
	财务报告解读及基本财务指标分析能力	财务会计基础、建筑企业Excel财务统计
	参与项目编制招（投）标文件和组织招（投）标的能力	建设工程招（投）标与合同管理
岗位核心能力	建筑业企业会计核算能力	施工企业会计、会计技能考核综合实训、毕业设计、顶岗实习
	准确填制和审核原始凭证的能力	财务会计基础、建筑企业Excel财务统计、施工企业会计、施工项目成本管理、管理会计实务、财务报表分析、财务管理、会计信息系统应用、税法与税务会计、审计基础与实务、工业企业会计、房地产会计、会计技能考核综合实训、毕业设计、顶岗实习

续表

能力构架		支撑能力的课程体系
能力类别	主要能力细分	
岗位核心能力	填制会计凭证、登记企业日记账、明细账、总账等会计账簿能力	财务会计基础、建筑企业Excel财务统计、施工企业会计、施工项目成本管理、管理会计实务、财务报表分析、财务管理、会计信息系统应用、税法与税务会计、审计基础与实务、工业企业会计、房地产会计、会计技能考核综合实训、毕业设计、顶岗实习
	具备编制科目汇总表和财务会计报告的能力和会计档案管理能力	财务会计基础、建筑企业Excel财务统计、施工企业会计、施工项目成本管理、管理会计实务、财务报表分析、财务管理、会计信息系统应用、税法与税务会计、审计基础与实务、工业企业会计、房地产会计、会计技能考核综合实训、毕业设计、顶岗实习
	项目成本核算能力，工程成本的计算和分析能力	施工项目成本管理、会计技能考核综合实训、毕业设计、顶岗实习
	建筑业企业会计信息系统应用和财务会计软件操作能力	会计信息系统应用
	财务预算和财务分析能力	管理会计实务、财务报表分析、财务管理
	企业纳税筹划和申报纳税能力	税法与税务会计
	建筑工程计量计价和工程财务审计的能力	建筑工程计量与计价、审计基础与实务
跨岗位综合能力	工业企业会计核算能力	工业企业会计
	房地产企业会计核算能力	房地产会计

五、专业课程及实践环节（表3、表4）

表3　建筑经济信息化管理专业各学期专业课程一览表

学期	主要课程	考核方式	考核时间
第一学期	思想道德修养与法律基础	考试	第20周
	形势与政策	考试	第20周
	大学生安全教育	考查	第20周
	大学生职业生涯规划	考查	第20周
	大学生心理健康教育	考查	第20周
	大学英语	考试	第20周
	体育与健康	考查	第20周
	计算机应用基础	考查	第20周
	大学人文基础	考查	第20周
	建筑构造与识图	考试	第20周
	管理学基础	考查	第20周
	建设法规	考试	第20周
	艺术类选修	考查	第20周

学期	主要课程	考核方式	考核时间
第二学期	思想道德修养与法律基础	考试	第20周
	形势与政策	考试	第20周
	大学生心理健康教育	考查	第20周
	军事理论	考查	第20周
	大学英语	考试	第20周
	体育与健康	考查	第20周
	大学应用数学基础	考试	第20周
	建筑材料	考试	第20周
	建筑CAD	考查	第20周
	建筑结构基础与识图	考试	第20周
	财务会计基础	考查	第20周
	社交礼仪	考查	第20周
第三学期	毛泽东思想和中国特色社会主义理论体系概论	考试	第20周
	形势与政策	考试	第20周
	大学生创新创业教育	考查	第20周
	体育与健康	考查	第20周
	劳动专题教育	考查	第20周
	建筑企业Excel财务统计	考试	第20周
	会计信息系统应用	考查	第20周
	经济法	考试	第20周
	工业企业会计	考试	第20周
	建筑工程经济	考试	第20周
	思政系列课程：筑梦中国、法治中国、美丽中国（3选1）	考查	第20周
	应用文写作	考查	第20周
	普通话	考查	第20周
第四学期	毛泽东思想和中国特色社会主义理论体系概论	考试	第20周
	形势与政策	考试	第20周
	大学生就业教育与职业指导	考查	第20周
	体育与健康	考查	第20周
	施工企业会计	考试	第20周
	管理会计实务	考试	第20周
	税法与税务会计	考试	第20周
	建筑工程计量与计价	考试	第20周

续表

学期	主要课程	考核方式	考核时间
第四学期	审计基础与实务	考试	第20周
	建设工程招投标与合同管理	考试	第20周
	演讲与口才	考查	第20周
	ISO9000质量管理体系	考查	第20周
	GB/T 50430施工企业质量管理规范	考查	第20周
	中西方文学比较	考查	第20周
第五学期	形势与政策	考试	第20周
	施工项目成本管理	考查	第20周
	财务报表分析	考试	第20周
	房地产会计	考试	第20周
第六学期	顶岗实习及毕业教育		

表4 建筑经济信息化管理专业实践性教学环节安排表

课程类别		实训项目名称	对应理论课程名称	内容及教学要求	专用周数	学分	开设学期	备注
公共实践	1	军事技能训练	军事理论等	军姿、军纪及必备军事技术能力训练	3	2	1	
	2	大学生综合素质实践（劳动实践）	劳动实践等	在校期间，须累计修满500素质实践分	分散	2	1～5	
专业实践	单项课程实践	1	某工程建筑施工图的识读与绘制实训	建筑构造与识图	建筑施工图抄绘、识图训练	1	1	1	
		2	某工程混凝土结构识图与钢筋算量实训	建筑结构基础与识图	混凝土结构各构件的结构识图	1	1	2	
		3	某公司基础会计实务实训	财务会计基础	企业会计基础业务核算	1	1	2	
		4	某建设工程项目财务评价实训	建筑工程经济	项目经济指标财务评价	1	1	3	
		5	某工业企业会计实务实训	工业企业会计	工业企业主要经济业务会计核算	1	1	3	
		6	某企业会计软件操作实训	会计信息系统应用	用友财务软件上机操作	1	1	3	
		7	某建筑公司成本核算实务实训	施工企业会计	建筑施工企业主要经济业务会计核算	1	1	4	
		8	某企业纳税实务实训	税法与税务会计	企业纳税申报、税款计算、会计处理和税务筹划	1	1	4	
		9	某项目审计实务实训	审计基础与实务	项目审计实务流程操作	1	1	4	
		10	某建筑公司管理会计实务实训	管理会计实务	企业业绩评价与简单投资项目财务分析	1	1	4	

续表

课程类别			实训项目名称	对应理论课程名称	内容及教学要求	专用周数	学分	开设学期	备注
专业实践	综合性实践	1	认识实习	建筑构造与识图、建筑结构基础与识图等	参观建筑物与施工工地，了解建筑构造、施工工艺、施工现场等情况	1	1	1	
		2	会计技能考核（电算化）综合实训	所有课程	建筑施工企业主要经济业务用友财务软件上机操作	2	2	5	
		3	会计技能考核（手工）综合实训	所有课程	建筑施工企业主要经济业务会计核算、成本核算	2	2	5	
		4	毕业设计	所有课程	财务会计、施工企业会计、房地产会计、会计电算化等	7	7	5	
		5	顶岗实习	所有课程	建筑业企业会计、成本控制、审计等相关岗位顶岗实习	24	24	5、6	
合计									

六、毕业标准

1. 基本修业年限 3 年，学生可以根据自身学习需求，合理、弹性安排学习时间，最长不超过 6 年。

2. 按规定修完所有课程，成绩全部合格，学分达到毕业规定学分。

3. 毕业设计成果考核合格；参加半年的顶岗实习并考核合格。

4. 学生体质健康测试综合成绩合格，综合素质实践教育考核合格。

5. 鼓励学生在校期间获得职业资格证、职业技能等级证书以及普通话、英语三级等证书，但不与毕业证挂钩。

6. 本专业毕业生继续学习主要有两种途径：一是参加专升本；二是参加自学考试，其专业面向会计学、财务管理、工程管理等。

现代物业管理专业

一、专业现状

1. 专业简介

现代物业管理指受物业所有人的委托，依据物业管理委托合同，对物业的房屋建筑及其设备，市政公用设施、绿化、卫生、交通、治安和环境容貌等管理项目进行维护、修缮和整治，并向物业所有人和使用人提供综合性的有偿服务。

物业管理有四个方面的内涵：

（1）经济性质：物业管理是房地产商品的售后服务，是房地产商品的价值得以保持和增值的保障。

（2）活动性质：物业管理是一种经营活动。

（3）范围：随着开放封闭小区的推行，物业管理的范围正在逐渐扩大，甚至与城市管理的范围交叉。

（4）内容：物业管理是对人的服务，对物的管理。

2. 专业特色

现代物业管理专业是"校企合作"办学专业，人才培养模式为"现代学徒制物业经理订单班"。具体如下：

（1）八大合作企业

学院与八大湖南知名物业服务企业合作办学、合作育人、合作就业、合作发展。这些企业是：湖南建工物业发展集团有限公司；中航物业管理有限公司；五矿物业服务（湖南）有限公司；湖南华天物业管理有限责任公司；长沙市长房物业管理有限公司；中铁建（北京）物业管理有限公司长沙分公司；湖南金园物业发展有限公司；湖南金地物业发展有限公司。

（2）现代学徒制

"现代学徒制"人才培养模式构建了校企"双主体"育人平台，学生兼有学生和学徒"双身份"，"校企对接、工学交替"教学，"学生→学徒→准员工→员工"四位一体培养。严格按照校企联合制定的人才培养方案，完成人才培养工作，校企联合进行教学组织与运行管理。

3. 师资水平

现代物业管理专业拥有专任教师5人，副教授1人，45岁以下教师具有研究生学历或硕士以上学位的比例达到60%。

二、专业前景

现代物业管理行业发展前景广阔。一方面，我国房地产市场持续发展，国家新型城镇化规划推进实施，为新型城市群建设注入活力。部分地区政府推行物业管理全覆盖，大量住宅区逐步引入物业管理。增量房、存量房以及老旧住宅区为物业管理行业提供了巨大的市场空间。另一方面，物业服务用户趋于成熟。用户对物业服务尤其是优质物业服务的购买意愿显著增强，部分物业服务企业基于用户多元化、个性化需求产生的非主营业务收入已超过物业服务主营业务收入。

三、就业岗位

现代物业管理专业培养思想政治坚定、德技并修、全面发展，适应于当前及未来我国物业管理行业发展的需要，具有良好的思想品德、职业道德和敬业精神，具有一定的艺术修养、创新意识、人际沟通与通用管理能力等综合素质，掌握开展保安保洁、园林绿化、设备设施维护、房屋维修、交通与秩序管理等常规性物业管理服务及针对服务对象的各种需求开展其他经营性物业服务的基本知识和技术技能，面向房地产、物业管理企业及其他企事业单位从事物业及设施管理、资产管理及商业运营，物业客户服务、物业环境管理、物业租售等经营服务以及物业项目综合服务等领域的复合型技术技能人才。学生毕业后可从事各种类型物业常规服务的运行管理、商业物业的招商运营与资产管理、经营型物业管理服务的组织策划、物业租售以及物业管理企业的经营管理等工作（表1）。

表1　现代物业管理专业面向职业、岗位一览表

面向岗位	典型工作任务描述		需要的职业能力
	工作任务	工作要求	
客服专员（客服主管）	1.受理业主/租户报修、投诉、建议及意见； 2.做好分管区域内物管费或其他费用的收缴工作； 3.负责部门内务管理工作和各种文件的拟定、打印与分派； 4.公共区域巡视； 5.负责公司所属住宅项目责任片区客户关系维护； 6.对所管辖区域的工程维修、安全管理、清洁卫生、绿化养护与消杀情况进行监督检查； 7.客户投诉处理，各类突发事件协调处理； 8.负责本部门工作资料档案和业户档案的建立与管理	1.妥善处置业主/租户报修、投诉、建议及意见等，并做好记录； 2.准确收缴分管区域内物管费或其他费用，形成对应记录和台账； 3.能按公司内部要求完成文件的拟定、打印与分派； 4.做好管理区域内的物业管理服务的相关事项； 5.与片区客户形成良好关系维护； 6.对所管辖区域的工程维修、安全管理、清洁卫生、绿化养护与消杀情况不合格项协调相关部门提出整改建议； 7.完成客户投诉处理记录和跟踪处理，对各类突发事件按照应急预案妥善处理； 8.妥善完成本部门工作资料档案和业户档案的建立与管理	1.具有探究学习、终身学习、分析问题和解决问题的能力； 2.具有良好的语言、文字表达能力和沟通能力； 3.具有运用现代技术进行物业设施管理的组织管理能力； 4.具有物业管理法律法规运用能力； 5.具有资料收集、报告撰写、文档制作能力

续表

面向岗位	典型工作任务描述		需要的职业能力
	工作任务	工作要求	
经营部专员（经营部主任）	1.拟制物业管理方案（实施计划）； 2.对行业现状和竞争企业进行调研； 3.有项目成本测算能力和公司资源整合能力，积极参与商务谈判和投标活动； 4.向公司领导提出有价值的意见和建议； 5.参与创建企业和社区新形象，提高知名度； 6.编写企业宣传资料，组织公司网站建设和维护	1.根据任务要求或公司安排，高标准、高质量地完成物业管理方案（实施计划）； 2.多渠道、多手段地有效掌握业界动态，做到知己知彼，主动及时捕捉商机； 3.形成较强的亲和力、感染力，既以理服人，又以情感人，提高拓展成功率； 4.积极探索物业管理新思路和新方法，合理提出有价值的意见和建议； 5.重视企业文化和社区文化建设与研究，积极探索新方法和新途径提升企业知名度； 6.积极组织企业各类宣传活动，以编写企业宣传资料，组织公司网站建设和维护； 7.积极使用电脑及其管理软件，提高工作效率	1.具有探究学习、终身学习、分析问题和解决问题的能力； 2.具有良好的语言、文字表达能力和沟通能力； 3.具有运用现代技术进行物业设施管理的组织管理能力； 4.具有大型公共建筑、高层建筑、综合体等现代物业设施管理与运维能力； 5.具有物业管理法律法规运用能力； 6.具有资料收集、报告撰写、文档制作能力
物业助理（物业主任）	1.处理投诉，合理安排维修、清洁、绿化等服务工作； 2.处理住户要求与投诉； 3.办理业户各项零星服务费用的交付和退还； 4.办理入住业户的相关证件（出入证、临时证、服务人员出入证、车证）； 5.草拟、发放各种住户通知，熟悉并可以合理解释其内容； 6.每月汇总住户宅内的零星抄报水、电、燃气读数报会计部； 7.协助维修、绿化、清洁服务人员做好与住户的语言沟通； 8.及时收集、整理归档住户信息资料	1.妥善处置业主/租户报修、投诉、建议及意见等，并做好记录； 2.及时跟进，记录住户要求与投诉，遇有重大问题上报主任、经理； 3.妥善处理业户各项零星服务费用的交付与退还，不出现错误和纠纷； 4.妥善办理入住业户的出入证、临时证、服务人员出入证、车证等； 5.了解维修、清洁、绿化服务工作程序及收费标准； 6.了解俱乐部及园区相关附属设施的业务范围、内容及营业时间	1.具有探究学习、终身学习、分析问题和解决问题的能力； 2.具有良好的语言、文字表达能力和沟通能力； 3.具有运用现代技术进行物业设施管理的组织管理能力； 4.具有智慧城区、智慧园区、智慧住宅小区管理与运维能力； 5.具有大型公共建筑、高层建筑、综合体等现代物业设施管理与运维能力； 6.具有物业管理法律法规运用能力； 7.具有资料收集、报告撰写、文档制作能力
招商助理（物业经管人员）	1.参与部门各项计划的策划、制订、宣传和执行工作； 2.负责商街租赁意向客户的开发、拜访和接洽工作； 3.负责商街的现场管理工作； 4.负责商街装修现场的巡查；	1.结合企业实际情况完成计划制定和执行； 2.良好完成商街的租赁和招商； 3.妥善解决各商铺的疑难问题和纠纷； 4.及时解决商街潜在隐患，并上报部门经理；	1.具有探究学习、终身学习、分析问题和解决问题的能力； 2.具有良好的语言、文字表达能力和沟通能力； 3.具有运用现代技术进行物业设施管理的组织管理能力； 4.具有大型公共建筑、高层建筑、综合体等现代物业设施管理与运维能力；

续表

面向岗位	典型工作任务描述		需要的职业能力
	工作任务	工作要求	
招商助理 （物业经管 人员）	5.协调与商街业主的关系，确保业主遵守物业的相关规定； 6.按照部门的经营计划，负责对商街业主进行回款催缴工作； 7.负责对商街区域卫生进行监督管理工作	5.良好处置商街业主的关系，确保业主遵守物业的相关规定； 6.按照部门的经营计划，负责对商街业主进行回款催缴工作； 7.负责对商街区域卫生进行监督管理工作	5.具有物业设施承接查验与客户入住服务等专业能力； 6.具有物业管理法律法规运用能力； 7.具有资料收集、报告撰写、文档制作能力

四、核心技能及要求

1. 社会能力

（1）坚定正确的政治方向，良好的社会公德、职业道德和诚信品质；

（2）解放思想、实事求是的科学态度；

（3）爱岗敬业、艰苦奋斗、勇于创新的团队协作精神；

（4）人际交往能力；

（5）公共关系处理能力；

（6）劳动组织能力；

（7）较强的遵纪守法意识；

（8）了解体育运动的基本知识，掌握科学锻炼身体的基本技能，养成自觉锻炼身体的良好习惯，达到《大学生健康体质标准》，具有健康体魄。

2. 方法能力

（1）职业生涯规划能力；

（2）自我独立学习能力；

（3）研究和解决问题的能力；

（4）经营预测与决策能力。

3. 专业能力

（1）阅读一般性英语技术资料和语言沟通、交流能力；

（2）计算机操作和应用能力；

（3）掌握现代物业管理的基本理论和基本知识，具有物业服务综合素质；

（4）具有物业服务的经营策划能力；

（5）具有物业服务运营的综合管理能力；

（6）具有物业服务的销售管理能力；

（7）具有物业租售经营与服务能力；

（8）具有现代物业管理企业的经营管理能力。

五、专业课程及实践环节（表3~表5）

表3　现代物业管理专业各学期专业课程一览表

学期	主要课程	考核方式	考核时间
第一学期	思想道德修养与法律基础	考试	第20周
	形势与政策	考试	第20周
	大学生安全教育	考查	第20周
	大学生心理健康教育	考查	第20周
	大学生职业生涯规划	考查	第20周
	大学生心理健康教育	考查	第20周
	大学英语	考查	第20周
	计算机应用基础	考查	第20周
	体育与健康	考查	第20周
	计算机应用基础	考查	第20周
	建筑构造与识图	考查	第20周
	管理学基础	考试	第20周
	财务会计基础	考试	第20周
	社交礼仪	考查	第20周
第二学期	思想道德修养与法律基础	考试	第20周
	形势与政策	考试	第20周
	大学生心理健康教育	考查	第20周
	形式与政策	考查	第20周
	军事理论	考查	第20周
	大学英语	考查	第20周
	大学人文基础	考查	第20周
	大学生应用基础数学	考试	第20周
	体育与健康	考查	第20周
	大学人文基础	考查	第20周
	建筑构造与识图	考查	第20周
	物业法律法规	考试	第20周
	现代物业管理概论	考试	第20周
	物业经理人论坛（讲座）	考查	第20周
	艺术类选修：艺术鉴赏、音乐鉴赏、美术鉴赏、舞蹈鉴赏、影视鉴赏、书法鉴赏、形体与气质塑造、歌唱技巧与合唱指挥（8选1）	考查	第20周

续表

学期	主要课程	考核方式	考核时间
第三学期	毛泽东思想和中国特色社会主义理论体系概论	考试	第20周
	形势与政策	考试	第20周
	大学生创新创业教育	考查	第20周
	体育与健康	考查	第20周
	劳动专题教育	考查	第20周
	智慧社区	考查	第20周
	物业园林绿化管理	考试	第20周
	物业设施设备管理	考试	第20周
	物业经理人论坛（讲座）	考查	第20周
	建筑工程经济	考查	第20周
	思政系列选修：筑梦中国、法治中国、美丽中国（3选1）	考查	第20周
	应用文写作/普通话	考查	第20周
第四学期	毛泽东思想和中国特色社会主义理论体系概论	考试	第20周
	形势与政策	考试	第20周
	大学生就业教育与职业指导	考查	第20周
	体育与健康	考查	第20周
	物业环境管理	考试	第20周
	物业客户服务与社区文化建设	考试	第20周
	物业社区安全管理	考试	第20周
	物业经营与管理	考试	第20周
	物业经理人论坛（讲座）	考查	第20周
	房地产投资分析	考查	第20周
	建筑施工技术/建设工程项目招投标与合同管理/建筑材料/建筑结构基础与识图	考查	第20周
	演讲与口才/ISO9000质量管理体系/GB/T 50430施工企业质量管理规范/中西方文学比较	考查	第20周
第五学期	形势与政策	考试	第20周
	现代物业管理实务	考查	第20周
	物业经理人论坛（讲座）	考查	第20周
	创新创业课程	考查	第20周
	建设工程项目管理	考查	第20周

续表

学期	主要课程	考核方式	考核时间
第五学期	房地产经纪	考试	第20周
	房地产营销与策划	考试	第20周
	居住区规划设计/房地产估价/BIM技术与应用/房地产开发与管理	考查	第20周
	综合实训	考查	第20周
第六学期	顶岗实习及毕业教育	考查	第20周

表4 现代物业管理专业实践性教学环节安排表

课程类别		实训项目名称	对应理论课程名称	内容及教学要求	专用周数	开设学期
独立开设实践性教学	1	入学教育、军训		学习学生手册、军姿、军纪及必备军事技术训练	3	1
	2	认识实习		熟悉专业和参观教学设施	1	1
	3	行业认知综合实训	行业认知综合实训	参观物业管理公司及企业	2	2
	4	设施设备管理实训	物业设备设施管理	熟悉物业房屋及设施设备管理的全过程及基本工作内容，掌握物业房屋及设施设备管理的基本理论与方法技巧和基本维护	4	3
	5	园林绿化管理实训	物业园林绿化管理	培养学生能充分利用管区内的土地，搞好环境的绿化和美化，应增强业主的爱护绿化意识	4	3
	6	物业环境管理实训	物业环境管理	通过执法检查、履约监督、制度建设和宣传教育等工作，进行物业环境维护及综合整治工作	4	4
	7	客户服务管理实训	物业客户服务	了解物业客户服务的基本概况和工作流程，基本掌握各类物业的常规纠纷的处理方式和投诉接待的处理流程，具备独立处理一般投诉，辅助主管和经理处理重大投诉和重要投诉的能力	4	4
	8	综合实训		结合实际项目要求完成一篇毕业设计论文1篇，不少于5000字，完成毕业答辩	7	5
	9	顶岗实习总结		要求写周记及实习总结（部分课程要求进行实习答辩），形成总结报告1篇，不少于2000字	4	2~5
	10	毕业教育		毕业生思想教育	1	6

表5 学生考证安排表

序号	课程名称	证书名称	考试时间
1		八大员	学院统一安排
2	计算机应用基础	计算机技术与软件专业技术资格	每年5月和11月两次，时间具体通知
3	大学英语（一、二）	高等学校英语应用能力考试（英语）、大学英语四级考试、大学英语六级考试	每年5月和11月两次，时间具体通知

（以下证书名称为毕业后可考取（部分））

1	房地产经纪	房地产估价师、房地产经纪专业人员职业资格	由考生所在地的考试机构或培训机构另行通知
2	工程经济、管理学原理	工程咨询（投资）专业技术人员职业资格	同上

参照2017年中华人民共和国人力资源和社会保障部《国家职业资格目录清单（共计151项）》相关内容

六、毕业标准

1. 按规定修完所有课程，成绩全部合格；
2. 认知实习达到合格标准；
3. 毕业设计成果按照要求上传至指定平台；
4. 参加半年的顶岗实习并考核合格；
5. 实行"双证毕业"。

建筑设计专业

一、专业现状

1. 专业简介

建筑设计专业历经 41 年办学发展历史，是省一流特色专业群核心专业、2016 国家级骨干专业、2015 省级优秀特色专业、省级精品专业、省级专业带头人、省级专业教学团队及中央财政重点支持专业。

建筑设计专业拥有一支名师引领，以 1 名省级专业带头人、2 名教授、4 名国家一级注册建筑师、2 名省级骨干教师为核心，以"教师＋工程师＋执业注册师"为特色的省级专业教学团队。高级职称 10 人（其中正高 1 人），占 45.5%；中级职称 11 人，占 50%；初级职称 1 人，占 4.5%。学历结构为：硕士及以上 20 人，占 90.9%；本科 2 人，占 9.1%。双师结构为：国家注册建筑师、国家注册规划师、高级工程师、一级建造师、二级建造师工程师等"双师型"教师 21 人，占 95.5%。校外企业兼职教师 10 人，形成了"专业带头人＋课程负责人＋骨干教师＋青年教师"的合理师资梯队。往届毕业生调查数据见表 1。

表 1　往届毕业生调查数据 ❶

项目	2016 届	2017 届	2018 届	2019 届
毕业一年后的就业率	96%	92%	95%	96%
专业毕业一年后的月收入	3973 元	4076 元	4126 元	4509 元
毕业生工作与专业相关的人数	75%	83%	87%	89%

❶ 数据来源：麦可思数据有限公司"湖南城建职业技术学院应届毕业生社会需求与培养质量跟踪评价报告"。

2. 专业荣誉（表 2）

表 2　建筑设计专业近年荣誉一览表

序号	年度	项目名称
1	2009	省级优秀专业教学团队
2	2008—2012	省级精品专业
3	2012—2015	省级特色专业
4	2010	省级专业带头人
5	2012—2015	中央财政支持专业
6	2016—2019	国家级骨干专业
7	2017	湖南省高职院教师说课竞赛一等奖
8	2018	省一流特色专业群核心专业

序号	年度	项目名称
9	2018	湖南省职教名师空间课堂项目1个
10	2016—2018	湖南省青年骨干教师2名
11	2015	湖南省职业院校土建类专业中青年教师技能竞赛"建筑制图与构造"赛项获一等奖2项
12	2012—2017	全国高职高专建筑教育类青年教师"金奖席"说课大赛获金奖1项，银奖3项，铜奖1项
13	2009—2018	全国高职高专建筑教育类优秀毕业设计大赛获金奖8项，银奖12项，铜奖8项
14	2009—2016	湖南省设计艺术家协会高校优秀设计展评获一等奖2项，二等奖5项，三等奖10项
15	2019	湖南省职业院校教师职业能力竞赛一等奖

二、就业面向

建筑设计研究院（公司、事务所）、建筑效果图制作（图像制作）公司、建筑设计咨询公司、房地产公司、建设项目策划公司及其他相关企事业单位。

三、就业岗位

1. 初始就业岗位

初始就业岗位为建筑师助理（中小型建筑方案设计师助理、建筑施工图设计师助理、建筑信息模型（BIM）建模员、绿色建筑咨询师助理、建筑师设计项目管理助理）。

2. 发展或晋升岗位群

发展岗位为助理建筑师、效果图制作师、项目负责人等。毕业三年获得一定的工作经验（进修）后，职业发展目标为二级注册建筑师（表3、表4）。

表3　建筑设计专业面向职业、岗位一览表

所属专业大类（代码）	所属专业类（代码）	对应行业（代码）	主要职业类别（代码）	主要岗位群或技术领域举例				
				初始岗位		发展岗位	预计年限	职业资格证书和职业技能等级证书举例
土木建筑大类（44）	建筑设计类（4401）	专业技术服务业（74）	建筑工程技术人员（2-02-18）建筑设计工程技术人员（2-02-18-02）	建筑师助理	（1）中小型建筑方案设计师助理（2）建筑施工图设计师助理（3）建筑信息模型（BIM）建模员（4）绿色建筑咨询师助理（5）建筑师设计项目管理助理	助理建筑师	（1）助理建筑方案设计师（2）助理施工图设计师（3）建筑信息模型（BIM）技术员（4）助理绿色建筑咨询师（5）建筑师设计项目管理员	3年	建筑信息模型（BIM）职业技能等级证书 建筑工程识图职业技能等级证书

表 4　建筑设计专业初始岗位典型工作任务及能力分析表

面向岗位		职业岗位典型工作任务分析		需要的职业能力
		工作任务	工作要求	
建筑师助理	中小型建筑方案设计师助理	建筑设计前期调研及资料收集	在注册建筑师指导下应做到： ◇ 正确理解调研任务及要求 ◇ 调研计划、分工及工具应用的时效性、合理性 ◇ 调研内容及资料分析的全面性 ◇ 调研成果表达的专业性 ◇ 调研汇报及资料收集归档的规范性	（1）热爱祖国，热爱中国共产党，拥护社会主义制度，崇尚中国传统文化，具有强烈的民族自豪感； （2）具有良好的职业道德和诚信品质，具有较强的社会适应能力和社会责任感，较强的社会公德意识和遵纪守法意识； （3）具备"精心操作、注重细节、一丝不苟、精益求精"的工匠精神和爱岗敬业、艰苦奋斗、勇于创新的职业精神； （4）具有良好的质量意识，环保意识，安全意识，信息技术素养，创新思维； （5）具有良好的自我管理能力，职业生涯规划的意识，有较强的集体意识和团队合作精神； （6）具有健康的体魄、心理和健全的人格，掌握基本运动知识和一两项运动技能，养成良好的体育锻炼习惯，良好的卫生与行为习惯； （7）具有一定的审美和人文素养，较好的口头与书面表达能力，能够形成一两项艺术特长或爱好； （8）具有较好的组织协调能力、人际交往能力与公共关系处理能力，且具有一定的跨文化交流能力； （9）具有探究学习、终身学习、分析问题和解决问题的能力； （10）具有良好的语言、文字表达能力和沟通能力； （11）具有团队协同合作能力； （12）能够识读建筑专业图和其他工程设计、施工等文件； （13）能够运用专业工具进行建筑设计文件汇编汇报； （14）能够运用专业软件对专业信息资料进行处理；
		协助中小型建筑方案设计	在注册建筑师指导下应做到： ◇ 正确理解建筑方案设计任务及相关专业规范法规要求 ◇ 设计前期专业调研及资料收集成果的全面性和规范性 ◇ 中小型建筑方案设计质量应符合相关的规范标准要求 ◇ 计算机绘图技术应用的先进性、灵活性和适用性 ◇ 建筑方案成果出图规格的规范性、进度的时效性	
		协助建筑方案设计成果汇编汇报	在注册建筑师指导下应做到： ◇ 正确理解建筑设计方案文件汇编的规范规定法规要求 ◇ 建筑方案设计文件汇编汇报表达的专业性和规范性 ◇ 建筑方案设计文件汇编汇报工具应用的合理性和适用性 ◇ 建筑方案设计文件内容归档编目的全面性和规范性 ◇ 建筑方案设计文件汇编成果应符合质量验收规范	
	建筑施工图设计师助理	建筑施工图设计前期资料收集	在注册建筑师指导下应做到： ◇ 正确理解上游建筑方案设计意图及施工图技术设计要求 ◇ 正确理解建筑施工图设计任务要求 ◇ 施工图设计进度计划制定的时效性 ◇ 施工图设计前期资料分析的全面性和收集归档的规范性	
		协助建筑施工图设计	在注册建筑师指导下应做到： ◇ 正确理解建筑师设计意图及其设计图绘制任务要求 ◇ 正确理解建筑设计相关规范法规 ◇ 建筑施工图设计流程的专业性和规范性 ◇ 建筑施工图技术设计的精确性、准确性和规范性 ◇ 建筑施工图设计质量应符合相关的技术规范标准 ◇ 建筑施工图设计工具应用的先进性、灵活性和适用性 ◇ 建筑施工图设计成果规格的规范性及进度把控的时效性	
		协助建筑施工图设计文件汇编	在注册建筑师指导下应做到： ◇ 正确理解建筑施工图设计文件汇编的规范规定要求 ◇ 建筑施工图设计文件汇编操作的专业性和规范性 ◇ 建筑施工图设计文件汇编工具应用的合理性和适用性 ◇ 建筑施工图设计文件内容归档编目的全面性和规范性 ◇ 建筑施工图设计文件汇编成果应符合质量验收规范	
	建筑信息模型（BIM）建模员	建筑设计BIM建模	在BIM技术负责人指导下做到： ◇ 正确理解建筑师设计意图及其建模任务要求 ◇ 完成建筑设计BIM二维建模 ◇ 完成建筑设计专业构件参数化建模 ◇ 完成建筑设计专业构件之间碰撞检查和问题标记管理	

面向岗位	职业岗位典型工作任务分析			需要的职业能力
	工作任务	工作要求		
建筑师助理	建筑信息模型（BIM）建模员	协助BIM技术应用	在BIM技术负责人指导下做到： ◇ 完成建筑设计方案BIM模型浏览、动画漫游及渲染，进行建筑效果图及动画制作，应用于建筑师方案推敲、比较和优化 ◇ 根据模型，独立出具二维施工图 ◇ 完成建筑总图规划日照模拟分析建模 ◇ 完成绿色建筑模拟分析建模 ◇ 完成模型文件管理及数据转换	（15）能够运用建筑信息模型（BIM）技术方案建模、施工图设计建模； （16）能够运用斯维尔绿色建筑软件进行绿色建筑建模分析； （17）能够进行建筑专业调研成果编制； （18）能够运用专业知识技能及相关工具进行中小型建筑方案设计与表达； （19）能够运用专业知识技能及相关工具进行民用建筑施工图设计； （20）能够运用专业知识技能及相关工具进行居住小区规划方案设计与表达； （21）能够运用专业知识技能及相关工具进行居住小区景观方案设计与表达
		BIM技术成果输出	在BIM技术负责人指导下应做到： ◇ 正确理解建筑设计各类文件输出的规范规定要求 ◇ 建筑设计BIM技术成果操作的专业性和规范性 ◇ 建筑设计BIM技术成果应符合质量验收规范	
	绿色建筑咨询师助理	协助绿色建筑物理性能模拟分析	在绿色建筑技术负责人指导下应做到： ◇ 根据建筑图纸正确建立可用于绿色建筑模拟分析的模型 ◇ 熟练完成声、光、热环境相关的模拟软件的常规设置与操作命令，准确输出分析报告 ◇ 正确解读模拟分析成果及报告，指导并优化建筑设计	
		协助绿色建筑咨询	在绿色建筑技术负责人指导下应做到： ◇ 对绿色建筑项目的整体设计理念进行策划、分析，协助确定项目星级目标，协助分析项目适合采用的技术措施与实现策略 ◇ 根据确定的设计方案，正确指导施工图设计融入绿色建筑技术和细部理念 ◇ 协助编制和完善相关申报材料	
	建筑师设计项目管理助理	建筑设计资料管理	◇ 协助建筑设计全过程资料及设备的接收、发放、储存管理 ◇ 协助监督、检查资料及设备的合理使用 ◇ 参与回收和处置剩余及不合格资料与设备，做好档案记录 ◇ 协助建立资料及设备的汇总、整理、移交、归档和编制管理	
		协助建设单位建筑设计项目报建	◇ 正确理解与项目报建相关的建筑设计资料管理的程序规范法规 ◇ 熟悉申请办理报建程序以及文件、图纸等资料收集准备工作 ◇ 协助做好项目的可行性研究、立项和设计评审、审查的对外联系与接待工作 ◇ 了解报建项目建筑设计、工程内容及相关工作程序规范规定要求	
		协助房产企业建筑设计业务资料管理	◇ 正确理解建筑设计相关规范法规 ◇ 熟悉建筑设计程序以及文件、图纸等资料收集管理工作 ◇ 协助做好建设方与设计方有关建筑设计项目内容、进度、成果、报建等方面联系沟通工作 ◇ 了解建筑设计、工程内容及相关工作程序规范规定要求	

四、核心技能及考核方式、标准

依托湖南省高等职业院校建筑设计专业学生专业技能抽查标准、学生专业技能抽查题库，结合我院建筑设计专业实际情况，对四大专业技能按照省级标准进行技能考试。

本专业技能抽查标准是基于职业岗位的专业基本技能和岗位核心技能确定考核模块，基于建筑师助手、建筑设计员职业岗位的工作过程、完成的典型工作任务确定考核内容。本专业技能抽查内容共设四大模块、57 个典型工作任务子模块项目：模块一是专业基本技能，即建筑工程设计图识读及设计文件汇编技能考试模块；模块二是建筑师助手岗位核心技能，包含建筑设计专业软件操作应用技能和建筑工程设计制图技能考试模块；模块三是建筑设计员岗位核心技能，包含建筑施工图及建筑方案专项技术设计应用技能考试模块；模块四是专业拓展技能，即建筑技术设计综合技能考核模块。其中模块一、模块二、模块三为必须掌握的技能模块，模块四为选择性掌握的技能模块。要求学生能按照企业的操作规范独立完成，并体现良好的职业精神与职业素养（表 5）。

表 5　建筑设计专业技能

核心技能	对应课程	考核标准
专业基本技能	建筑制图与构造基础 建筑构成与设计基础 建筑表现与美术基础 BIM 技术基础 计算机辅助设计 建筑施工图抄绘实训 建筑设计表达综合实训 美术集训	通过专业基本技能考核，测试学生识读绘制建筑工程图的技能；测试学生运用计算机软件辅助设计的技能；测试学生手绘艺术造型及设计草图、效果图的技能；测试学生操作建筑信息模型（BIM）技术基础建模的技能
岗位核心技能	居住建筑设计 材料选型与构造设计 绿色建筑技术 园林景观设计 公共建筑设计 居住区规划设计 建筑消防法规与业务管理 参观调研认识实习 建筑技术设计综合实训	通过岗位核心技能考核，测试学生实操建筑施工图设计（含初步设计）的技能；测试学生实操中小型建筑方案设计的技能；测试学生实操居住区规划方案技术设计的技能；测试学生实操中小型景观方案技术设计的技能；测试学生编制建筑方案投标（含调研）、汇报及提交建筑施工图（含初步设计）文件的技能；测试学生操作建筑信息模型（BIM）技术专业应用的技能；测试学生绿色建筑模拟分析与评价的技能
跨岗位综合技能	GIS 技术基础 建筑设计原理 建筑结构与选型 建筑设备与环境控制	通过跨岗位综合技能考核，测试学生实操中小型民用建筑综合技术应用设计的技能；测试学生进行城市设计分析的技能，测试学生选修跨专业群建筑动画与模型制作专业的建筑效果图制作员岗位的建筑效果图建模、渲染及后期制作技能；培养学生建筑设计技术专业群相关专业工作岗位迁徙的学习能力

核心技能	对应课程	考核标准
跨岗位综合技能	建筑策划与经济分析	通过跨岗位综合技能考核,测试学生实操中小型民用建筑综合技术应用设计的技能;测试学生进行城市设计分析的技能,测试学生选修跨专业群建筑动画与模型制作专业的建筑效果图制作员岗位的建筑效果图建模、渲染及后期制作技能;培养学生建筑设计技术专业群相关专业工作岗位迁徙的学习能力
	装配式建筑设计	
	城市设计	
	建筑CAD	
	建筑建模与渲染技法	
	建筑动画设计	
	建筑表现后期处理	
	虚拟现实技术基础	
	城乡规划管理与法规	
	装饰艺术赏析	
	园林艺术赏析	
	环境心理学	
	专业技能综合技能实训	

五、专业课程及实践环节（表6~表8）

表6 建筑设计专业各学期专业课程一览表

学期	主要课程	考核方式	考核时间
第一学期	思想道德修养与法律基础	考试	第20周
	形势与政策	考试	第20周
	大学生安全教育	考查	第20周
	大学生职业生涯规划	考查	第20周
	大学生心理健康教育	考查	第20周
	大学英语（一）	考试	第20周
	计算机应用基础	考试	第20周
	体育与健康	考查	第20周
	建筑制图与构造基础	考试	第20周
	建筑表现与美术基础	考查	第20周
	建筑构成与设计基础	考试	第20周
	社交礼仪（8选1）	考查	第20周
	建筑施工图抄绘实训	考查	第20周
	美术集训	考查	第20周
第二学期	思想道德修养与法律基础	考试	第20周
	形势与政策	考试	第20周

续表

学期	主要课程	考核方式	考核时间
第二学期	大学生心理健康教育	考查	第20周
	军事理论	考查	第20周
	大学英语（二）	考试	第20周
	体育与健康	考查	第20周
	大学人文基础	考试	第20周
	艺术类选修（8选1）	考查	第20周
	建筑制图与构造基础	考试	第20周
	建筑表现与美术基础	考查	第20周
	建筑构成与设计基础	考试	第20周
	BIM技术基础	考查	第20周
	计算机辅助设计	考查	第20周
	中外建筑历史	考试	第20周
	建筑设计表达综合实训	考查	第20周
第三学期	毛泽东思想和中国特色社会主义理论体系概论	考试	第20周
	形势与政策	考试	第20周
	大学生创新创业教育	考查	第20周
	思政系列课程（3选1）	考查	第20周
	体育与健康	考查	第20周
	应用文写作（8选1）	考查	第20周
	居住建筑设计	考查	第20周
	材料选型与构造设计	考试	第20周
	绿色建筑技术	考试	第20周
	GIS技术基础	考查	第20周
	建筑设计原理	考试	第20周
	城市设计	考查	第20周
	建筑CAD	考查	第20周
	建筑技术设计综合实训	考查	第20周
	参观调研认识实习	考查	第20周
第四学期	毛泽东思想和中国特色社会主义理论体系概论	考试	第20周
	形势与政策	考试	第20周
	大学生就业教育与职业指导	考查	第20周
	演讲与口才（8选1）	考查	第20周
	体育与健康	考查	第20周
	居住建筑设计	考查	第20周
	园林景观设计	考查	第20周

学期	主要课程	考核方式	考核时间
第四学期	公共建筑设计	考查	第20周
	居住区规划设计	考查	第20周
	建筑消防法规与业务管理	考试	第20周
	建筑结构与选型	考试	第20周
	建筑设备与环境控制	考试	第20周
	建筑策划与经济分析	考试	第20周
	建筑技术设计综合实训	考查	第20周
第五学期	形势与政策	考试	第20周
	居住建筑设计	考查	第20周
	公共建筑设计	考查	第20周
	装配式建筑设计	考查	第20周
	建筑建模与渲染技法（4选1）	考查	第20周
	建筑动画设计（4选1）	考查	第20周
	建筑表现后期处理（4选1）	考查	第20周
	虚拟现实技术基础（4选1）	考查	第20周
	城乡规划管理与法规（8选1）	考试	第20周
	装饰艺术赏析（8选1）	考查	第20周
	园林艺术赏析（8选1）	考查	第20周
	环境心理学（8选1）	考查	第20周
	专业技能综合实训	考查	第20周
	毕业设计	考查	第20周
第六学期	顶岗实习及毕业教育		

注：考试是以闭卷考试、实操等方式进行；考查以课程设计、作业考核、文本汇报等方式进行。

表7 建筑设计专业实践性教学环节安排表

课程类别			实训项目名称	对应理论课程名称	内容及教学要求	开设周数	学分	开设学期	备注
公共实践		1	军事技能训练		军姿、军纪及必备军事技术能力训练	3	2	1	
		2	大学生综合素质实践（劳动实践）		在校期间，须累计修满500素质实践分	分散	2	1~5	
			分类小计						
专业实践	单项课程实践	1	美术集训	建筑表现与美术基础	静物结构素描与明暗素描训练	1	1	1	
		2	建筑施工图抄绘实训	建筑制图与构造基础	建筑施工图识读与工程图纸绘制实训	1	1	1	
			分类小计						

课程类别			实训项目名称	对应理论课程名称	内容及教学要求	开设周数	学分	开设学期	备注
专业实践	综合性实践	1	建筑设计表达综合实训	建筑构成与设计基础、建筑制图与构造基础、建筑表现与美术基础、BIM技术基础	完成某项目的调研、测量、工具绘制和BIM建筑建模等实训	3	3	2	
		2	建筑技术设计综合实训	居住建筑设计、公共建筑设计、居住区规划设计、绿色建筑技术	应用BIM软件完成小型建筑物建筑、结构、简单机电建模，完成日照、采光、节能、暖通负荷、声环境、风环境、空气质量等绿色建筑模拟分析实训；完成建筑专业施工图设计、表达及其文件编制实训	5	5	3、4	
		3	参观调研认识实习	居住建筑设计、公共建筑设计、居住区规划设计	完成现场调研、调研成果制作及调研成果汇报实训	1	1	3	
		4	专业技能综合实训	专业课程	完成本专业技能抽查考核，要求掌握技能抽查标准中所涉技能点	2	2	5	
		5	毕业设计	专业课程	完成毕业设计选题，并符合毕业设计答辩要求	9	9	5	
		6	顶岗实习	专业课程	完成顶岗实习任务，并符合顶岗实习答辩要求	24	24	5、6	
			分类小计						
			合计			49	50		

表8 学生考证安排表

序号	课程名称	证书名称	考试时间
1	BIM技术基础	BIM技术等级证书	学校统一安排
2	计算机辅助设计	计算机CAD绘图	学校统一安排
3	大学英语	英语应用能力A级考试	学校统一安排
4	建筑制图与构造基础	建筑工程识图职业技能等级证书（初级）	学校统一安排

六、毕业标准

1. 基本修业年限3年，学生可以根据自身学习需求，合理、弹性安排学习时间，最长不超过6年。

2. 按规定修完所有课程，成绩全部合格，学分达到毕业规定学分。

3. 毕业设计成果考核合格；参加半年的顶岗实习并考核合格。

4. 学生体质健康测试综合成绩合格，综合素质实践教育考核合格。

5. 鼓励学生在校期间获得职业资格证、职业技能等级证书以及普通话、英语三级等证书，但不与毕业证挂钩。

6. 本专业毕业生继续学习主要有两种途径：一是参加专升本；二是参加自学考试，其专业面向建筑学等。

城乡规划专业

一、专业现状

1. 专业简介

城乡规划专业拥有专任教师 10 人，其中 1 名教授和高级工程师，2 名副教授，5 名国家注册城乡规划师，6 名讲师、工程师，1 名助教，"双师型"教师比例达 90%，45 岁以下教师具有研究生学历或硕士以上学位的比例达到 50%。往届毕业生调查数据见表 1。

表 1　往届毕业生调查数据❶

项目	2014 届	2015 届	2016 届	2017 届	2018 届	2019 届
毕业一年后的就业率	92%	90%	83%	92%	85%	95%
专业毕业一年后的月收入	3947 元	3531 元	4148 元	4243 元	4350 元	3827 元
毕业生工作与专业相关的人数	72%	64%	68%	75%	80%	80%

❶ 数据来源：麦可思数据有限公司"湖南城建职业技术学院应届毕业生社会需求与培养质量跟踪评价报告"。

2. 专业荣誉（表 2）

表 2　城乡规划专业历年荣誉一览表

序号	年度	项目名称
1	2011	全国高职高专"说专业"比赛一等奖，"说课"比赛一等奖，在全国高职高专教育土建类专业教学指导委员会城镇规划专业毕业设计作品比赛中荣获一、三等奖
2	2012	院级特色专业、院级"说专业"比赛二等奖，在全国高职高专教育土建类专业教学指导委员会城镇规划专业毕业设计作品比赛中荣获一、二等奖
3	2013	在全国高职高专教育土建类专业教学指导委员会城镇规划专业毕业设计作品比赛中荣获一、二、三等奖
4	2014	在全国高职高专教育土建类专业教学指导委员会城镇规划专业毕业设计作品比赛中荣获一、二、三等奖
5	2016	在全国高职高专教育土建类专业教学指导委员会城镇规划专业毕业设计作品比赛中荣获三等奖；第十三届湖南省高校师生美术与设计艺术作品评选活动中荣获二等奖
6	2017	在全国高职高专教育土建类专业教学指导委员会城镇规划专业毕业设计作品比赛中荣获二、三等奖；在第四届全国建筑与规划类专业青年教师"金讲席"奖说课大赛中荣获三等奖
7	2018	在全国高职高专教育土建类专业教学指导委员会城镇规划专业毕业设计作品比赛中荣获二等奖
8	2019	在湘潭市"设计下乡"农村人居环境设计大赛中荣获二等奖； 在湖南省职业院校思想政治教育教学能力比赛高职"课程思政"赛项中荣获一等奖
9	2020	在湖南省职业院校教师职业能力竞赛教师教学能力赛项中荣获二等奖

二、专业前景

1.《中共中央 国务院关于实施乡村振兴战略的意见》

2018年1月2日，中共中央、国务院公布了2018年中央一号文件，即《中共中央 国务院关于实施乡村振兴战略的意见》。2018 年 3 月 5 日，国务院总理李克强在作政府工作报告时说，大力实施乡村振兴战略。2018 年 5 月 31 日，中共中央政治局召开会议，审议《乡村振兴战略规划（2018—2022 年）》。2018 年 9 月，中共中央、国务院印发了《乡村振兴战略规划（2018—2022 年）》，并发出通知，要求各地区各部门结合实际认真贯彻落实。

2. 中央城市工作会议

中央城市工作会议于 2015 年 12 月 20 日至 21 日在北京举行。会议称，我国城市发展已经进入新的发展时期。城市工作是一个系统工程，坚持人民城市为人民是做好城市工作的出发点和落脚点。

会议强调，城市规划要同资源环境承载能力相适应，城市人口要与用地匹配，要防止出现换一届领导、改一次规划的现象，要防止城市"摊大饼"式扩张。此次以中央名义召开的城市工作会议，也是历史上最高规格的城市工作会议，亦被认为中国城市建设迎来拐点的标志性会议。

3.《中共中央 国务院关于进一步加强城市规划建设管理工作的若干意见》

2016 年 2 月，中共中央、国务院发布《中共中央 国务院关于进一步加强城市规划建设管理工作的若干意见》。意见指出，城市是经济社会发展和人民生产生活的重要载体，是现代文明的标志。新中国成立特别是改革开放以来，我国城市规划建设管理工作成就显著，城市规划法律法规和实施机制基本形成，基础设施明显改善，公共服务和管理水平持续提升，在促进经济社会发展、优化城乡布局、完善城市功能、增进民生福祉等方面发挥了重要作用。同时务必清醒地看到，城市规划建设管理中还存在一些突出问题：城市规划前瞻性、严肃性、强制性和公开性不够，城市建筑贪大、媚洋、求怪等乱象丛生，特色缺失，文化传承堪忧；城市建设盲目追求规模扩张，节约集约程度不高；依法治理城市力度不够，违法建设、大拆大建问题突出，公共产品和服务供给不足，环境污染、交通拥堵等"城市病"蔓延加重。

积极适应和引领经济发展新常态，把城市规划好、建设好、管理好，对促进以人为核心的新型城镇化发展，建设美丽中国，实现"两个一百年"奋斗目标和中华民族伟大复兴的中国梦具有重要现实意义和深远历史意义。

4. 中华人民共和国自然资源部机构设立

2018 年 3 月，中华人民共和国第十三届全国人民代表大会第一次会议表决通过了关于国务院机构改革方案的决定，批准成立中华人民共和国自然资源部。

三、就业岗位

本专业培养理想信念坚定，德、智、体、美、劳全面发展，具有一定的科学文化水平，良好的人文素养、职业道德和创新意识，精益求精的工匠精神，较强的就业能力和可持续发展的能力，掌握城乡规划专业所需的识读和绘制城乡规划图纸、参与国土空间规划、控制性详细规划编制、专项规划和独立完成修建性详细规划、村庄规划编制等专业知识和技术技能，面向工程技术与设计服务行业领域的城乡规划工程技术人员职业群，能够从事小城镇的城乡规划设计、城乡建设管理等相关工作的首选复合型技术技能人才（表3）。

表3　城乡规划就业岗位及主要职责

序号	就业岗位	主要岗位职责
1	城乡规划师助理	协助规划师参与国土空间规划、控制性详细规划、专项规划编制；独立完成修建性详细规划编制等电子化成果绘制、文本制作工作
2	城乡建设管理助理	参与编制、审批项目；协助资料管理、会务组织和项目监督执法等工作

四、核心技能及考核方式、标准

依托湖南省高等职业院校城乡规划专业学生专业技能抽查标准、学生专业技能抽查题库，结合我院城乡规划专业实际情况，对专业技能按照省级标准进行技能考试。

根据专业技能抽查的基本要求，本专业技能抽查分为专业基本技能、岗位核心技能和跨岗位综合技能三个模块，每个模块均为必考技能模块。每个模块下设若干技能操作试题。抽考时，要求学生能按照相关操作规范完成给定任务，并体现具有良好的职业精神与职业素养。从每个模块中抽取对应的试题，作为待抽试题组合。学生根据随机分配的抽测号依次从待抽试题组合中抽选一题进行考核；学生在规定的时间内完成测试任务。

五、专业课程及实践环节（表4~表6）

表4　城乡规划设计专业各学期专业课程一览表

学期	主要课程	考核方式	考核时间
第一学期	思想道德修养与法律基础	考试	第20周
	形势与政策	考试	第20周
	大学生安全教育	考查	第20周
	大学生职业生涯规划	考查	第20周
	大学生心理健康教育	考查	第20周
	大学英语（一）	考试	第20周
	计算机应用基础	考试	第20周
	体育与健康	考查	第20周
	建筑制图与构造基础	考试	第20周
	建筑表现与美术基础	考查	第20周
	建筑构成与设计基础	考试	第20周
	社交礼仪（8选1）	考查	第20周
	建筑施工图抄绘实训	考查	第20周
	美术集训	考查	第20周

学期	主要课程	考核方式	考核时间
第二学期	思想道德修养与法律基础	考试	第20周
	形势与政策	考试	第20周
	大学生心理健康教育	考查	第20周
	军事理论	考查	第20周
	大学英语（二）	考试	第20周
	体育与健康	考查	第20周
	大学人文基础	考试	第20周
	艺术类选修（8选1）	考查	第20周
	计算机辅助设计	考查	第20周
	中外建筑历史	考试	第20周
	建筑制图与构造基础	考试	第20周
	建筑表现与美术基础	考查	第20周
	建筑构成与设计基础	考试	第20周
	BIM技术基础	考查	第20周
	建筑设计表达综合实训	考查	第20周
第三学期	毛泽东思想和中国特色社会主义理论体系概论	考试	第20周
	形势与政策	考试	第20周
	大学生创新创业教育	考查	第20周
	思政系列课程（3选1）	考查	第20周
	体育与健康	考查	第20周
	应用文写作（8选1）	考查	第20周
	劳动专题教育	考查	第20周
	居住建筑设计	考试	第20周
	材料选型与构造设计	考试	第20周
	小城镇总体规划设计	考试	第20周
	GIS技术基础	考查	第20周
	控制性详细规划设计	考查	第20周
	城市道路交通规划	考试	第20周
	规划工程测量	考查	第20周
	小城镇规划综合实训	考查	第20周
第四学期	毛泽东思想和中国特色社会主义理论体系概论	考试	第20周
	形势与政策	考试	第20周
	大学生就业教育与职业指导	考查	第20周
	演讲与口才（8选1）	考查	第20周
	体育与健康	考查	第20周

学期	主要课程	考核方式	考核时间
第四学期	园林景观设计	考查	第20周
	绿色建筑技术	考查	第20周
	修建性详细规划设计	考试	第20周
	村庄规划设计	考试	第20周
	城乡规划管理与法规	考试	第20周
	城市设计	考查	第20周
	城市工程系统规划	考查	第20周
	小城镇详细规划综合实训	考查	第20周
第五学期	形势与政策	考试	第20周
	修建性详细规划设计	考试	第20周
	园林树木认知与造景（3选1）	考查	第20周
	园林景观设计（3选1）	考试	第20周
	园林施工图设计（3选1）	考查	第20周
	城市生态学（8选1）	考试	第20周
	城市经济学（8选1）	考试	第20周
	城市地理学（8选1）	考试	第20周
	规划快速设计与表达（8选1）	考查	第20周
	建筑CAD（8选1）	考查	第20周
	专业技能综合实训	考查	第20周
第六学期	顶岗实习及毕业教育		

注：考试是以闭卷考试、实操等方式进行；考查以课程设计、作业考核、文本汇报等方式进行。

表5 城乡规划专业实践性教学环节安排表

课程类别		实训项目名称	对应理论课程名称	内容及教学要求	开设周数	学分	开设学期	备注
公共实践	1	军事技能训练		军姿、军纪及必备军事技术能力训练	3	2	1	
	2	大学生综合素质实践（劳动实践）		在校期间，须累计修满500素质实践分	分散	2	1~5	
专业实践	1	美术集训	建筑表现与美术鉴赏	完成景物素描任务，要求透视、明暗正确	1	1	1	
	2	建筑施工图抄绘实训	建筑制图与构造基础	建筑施工图抄绘要求图幅正确、线宽、线型正确、编排正确、平面、立面、剖面抄绘正确	1	1	1	
	3	建筑设计表达综合实训	建筑构成与设计基础、建筑表现与美术基础、建筑制图与构造基础	完成小型空间设计成果，要求到达相应建筑方案图设计及表现图深度	3	3	2	

续表

课程类别		实训项目名称	对应理论课程名称	内容及教学要求	开设周数	学分	开设学期	备注
专业实践	4	小城镇规划综合实训	小城镇总体规划设计 控制性详细规划设计	完成特色小城镇规划设计成果，运用GIS对空间进行分析	3	3	3	
	5	小城镇详细规划综合实训	修建性详细规划设计 村庄规划设计	完成美丽屋场相关设计成果，运用GIS对空间进行分析	3	3	4	
	6	小城镇规划综合实训	小城镇总体规划设计 控制性详细规划设计	完成特色小城镇规划设计成果，运用GIS对空间进行分析	3	3	3	
	7	小城镇详细规划综合实训	修建性详细规划设计 村庄规划设计	完成美丽屋场相关设计成果，运用GIS对空间进行分析	3	3	4	
	8	专业技能综合实训	所有专业核心课程	城乡规划专业基本技能、核心技能、拓展技能训练	2	2	5	
	9	毕业设计	专业课程	综合职业能力			5	
	10	顶岗实习	专业课程	要求达到零距离上岗实习	24	24	5、6	1～6月（寒假3周）
合计					49	50		

表6　学生考证安排表

序号	课程名称	证书名称	考试时间
1	建筑制图与构造基础 计算机辅助设计	"1＋X"建筑工程识图职业资格等级证书	2021年9月
2	BIM技术基础	"1＋X"建筑信息模型BIM职业资格等级证书初级	2021年9月

六、毕业要求

1. 基本修业年限3年，学生可以根据自身学习需求，合理、弹性安排学习时间，最长不超过6年。

2. 按规定修完所有课程，成绩全部合格，学分达到毕业规定学分。

3. 毕业设计成果考核合格；参加半年的顶岗实习并考核合格。

4. 学生体质健康测试综合成绩合格，综合素质实践教育考核合格。

5. 鼓励学生在校期间获得职业资格证、职业技能等级证书以及普通话、英语三级等证书，但不与毕业证挂钩。

6. 本专业毕业生继续学习主要有两种途径：一是参加专升本；二是参加自学考试，其专业面向建筑学、城乡规划等。

建筑室内设计专业

一、专业现状

1. 专业简介

建筑室内设计专业现有校内专任教师10人。高级职称3人（副教授、高级工程师），占30%；中级职称（讲师、工程师）7人，占70%。学历结构为：硕士及以上6人占60%；本科4人，占40%。双师结构为：国家注册建筑师、高级工程师、一级建造师、二级建造师、注册造价师、工程师等"双师型"教师9人，占90%。往届毕业生调查数据见表1。

表1　往届毕业生调查数据 ❶

项目	2016届	2017届	2018届	2019届
毕业一年后的就业率	89%	97%	98%	90%
专业毕业一年后的月收入	3617元	3678元	3738元	3500元
毕业生工作与专业相关的人数	85%	83%	87%	90%

❶ 数据来源：麦可思数据有限公司"湖南城建职业技术学院应届毕业生社会需求与培养质量跟踪评价报告（2019）"。

2. 专业荣誉（表2）

表2　建筑室内设计专业历年荣誉一览表

序号	年度	项目名称
1	2016	第三届全国职业院校建筑装饰综合技能竞赛团体一等奖
2	2017	第四届全国职业院校建筑装饰综合技能竞赛团体一等奖
3	2018	第一届湖南省职业院校建筑装饰综合技能竞赛一等奖
4	2019	第二届湖南省职业院校建筑装饰综合技能竞赛一等奖
5	2019	第一届全国职业院校建筑装饰综合技能竞赛三等奖
6	2020	第三届湖南省职业院校建筑装饰综合技能竞赛一等奖

二、就业面向

建筑室内设计专业以室内装饰设计企业一线的设计师为主要就业岗位，以软装设计师、室内设计师助理、施工图深化设计师、施工员、监理员、预算员等为就业岗位群。

三、就业岗位

初始就业岗位为室内设计师助理（室内装饰设计员、室内软装设计员），发展岗位为室内设计师，拓展岗位为效果图制作员（表3、表4）。

表3　本专业面向职业、岗位一览表

所属专业大类（代码）	所属专业类（代码）	对应行业（代码）	主要职业类别（代码）	主要岗位类别（或技术领域）					职业资格证书和职业技能等级证书举例
				初始岗位		发展岗位	预计年限	对接职业资格	
土木建筑大类（44）	建筑设计类（4401）	工程技术与设计服务（748）	室内装饰设计师（4-08-08-07）	室内设计师助理	室内装饰设计员	室内设计师	3年	毕业六年后具备注册建筑师执业考试资格	建筑信息模型（BIM）职业技能等级证书、建筑工程识图职业技能等级证书
					室内软装设计员				

表4　本专业初始岗位典型工作任务及能力分析表

面向岗位		职业岗位典型工作任务分析		需要的职业能力
		工作任务	工作要求	
室内设计师助理	室内装饰设计员	设计前期准备与勘测	◇ 室内设计项目前期资料收集分析与整理	（1）热爱祖国，热爱中国共产党，拥护社会主义制度，崇尚中国传统文化，具有强烈的民族自豪感； （2）具有良好的政治明辨是非能力； （3）具有较好的自我管理与自我保护能力； （4）具有基本的计算机操作与软件应用能力； （5）具有较好的语言、文字表达和人际交往与公共关系处理能力； （6）具有良好的劳动能力与企业适应能力； （7）具有一定的艺术鉴赏与审美能力及造型能力； （8）具备探究学习、终身学习、分析问题和解决问题的能力； （9）具有团队协同合作能力； （10）具有建筑工程图识读与绘制能力； （11）具有设计成果表现图绘制能力； （12）具有建筑信息模型（BIM）基础建模能力； （13）具有建筑室内设计专业识图制图能力； （14）具有室内设计设计文件编制汇报能力； （15）具有中小型室内设计项目的设计能力； （16）具有室内设计项目的施工图深化设计能力； （17）具有建筑信息模型（BIM）建模及应用能力； （18）室内效果图具有表现力； （19）具有建筑室内设计专业新知识、新工艺、新技术应用等方面的创新意识，具有根据行业发展趋势、把握市场需求进行创业的能力； （20）具有基础的绘画技能和进行各类空间环境速写的技能； （21）具有一定的室内装饰工程投标文件编制能力
		中小型室内项目设计	◇ 完成中小型室内方案设计； ◇ 能运用装饰设计新技术、新材料、新工艺进行设计	
		室内设计成果文件汇编	◇ 完成室内设计方案成果绘制； ◇ 完成室内设计方案文件汇编； ◇ 根据方案设计完成装饰施工图的深化设计与图纸绘制； ◇ 建筑装饰施工图文件汇编	
		项目实施过程技术服务	◇ 项目现场工艺做法的技术指导； ◇ 现场施工管理及竣工验收工作	

续表

面向岗位		职业岗位典型工作任务分析		需要的职业能力
		工作任务	工作要求	
室内设计师助理	室内软装设计员	设计前期准备与勘测	◇ 室内软装设计项目前期资料收集分析与整理	（1）热爱祖国，热爱中国共产党，拥护社会主义制度，崇尚中国传统文化，具有强烈的民族自豪感； （2）具有良好的政治明辨是非能力； （3）具有一定的创新能力和就业创业能力； （4）具有基本的计算机操作与软件应用能力； （5）具有较好的语言、文字表达和人际交往与公共关系处理能力； （6）具有良好的劳动能力与企业适应能力； （7）具有一定的艺术鉴赏与审美能力及造型能力； （8）具备探究学习、终身学习、分析问题和解决问题的能力； （9）具有团队协同合作能力； （10）具有建筑工程图识读与绘制能力； （11）具有设计成果表现图绘制能力； （12）具有建筑室内设计专业识图制图能力； （13）具有室内设计项目的软装设计能力； （14）具有一定的室内装饰工程概预算编制能力； （15）具有建筑室内设计专业新知识、新工艺、新技术应用等方面的创新意识，具有根据行业发展趋势、把握市场需求进行创业的能力
		室内软装项目设计	◇ 根据室内装饰设计效果完成该项目的软装设计； ◇ 能运用新技术、新材料、新工艺进行软装设计； ◇ 完成室内设计软装设计图纸绘制与文件汇编； ◇ 完成室内设计软装设计图纸文件汇编	
		项目实施过程技术服务	◇ 软装项目现场技术指导； ◇ 协助现场管理及竣工验收工作	

四、核心技能及考核方式、标准

依托湖南省高等职业院校室内设计技术专业学生专业技能抽查标准、学生专业技能抽查题库，结合我院建筑室内设计专业实际情况，对四大核心技能按照省级标准进行技能考试（表5）。

表5　建筑室内设计专业四大核心技能

专业技能	对应课程	考核标准
专业基本技能	建筑制图与构造基础	考核学生是否具有建筑工程图识读与绘制能力；是否具有运用计算机软件辅助设计能力；是否具有艺术造型及设计草图、效果图表现能力；是否具有建筑信息模型（BIM）基础建模能力。考核学生工程制图基本知识、基本原理，具备一定绘图技能的基础上，识读建筑室内设计图和施工图。 考核学生能否熟练运用CAD制图软件，依据室内设计方案图，完成装饰施工图绘制与施工图文件整理
	建筑表现与美术基础	
	计算机辅助设计	
	BIM技术基础	
	建筑构成与设计基础	
	建筑施工图抄绘实训	
	建筑设计技术综合实训	

续表

专业技能	对应课程	考核标准
岗位核心技能	园林景观设计 居住建筑设计 材料选型与构造设计 绿色建筑技术 居室空间设计 公共空间设计 室内软装陈设设计 建筑装饰施工图 手绘效果图表现实训 居室空间装饰施工图实训 商业空间专题综合实训	考核学生对室内设计原理、各类室内空间设计要点的掌握情况,能否完成各类小型室内空间方案设计,绘制平面、立面、局部效果图等,能否进行设计分析及分析图的制作;考核对室内装饰施工图绘制技能掌握情况,能否完成装饰施工图等简单施工图的绘制;考核文件汇编能力,能否按设计程序和要求编制设计方案文本,整理设计过程资料
跨岗位综合技能	装饰工程计量与计价 室内装饰工程招投标与项目管理 室内装饰工程细部构造与工艺 计算机辅助设计 GIS技术基础 建筑CAD 建筑建模与渲染技法 建筑表现后期处理 建筑动画设计	考核学生能否根据各类装饰施工图纸完成施工工程量统计,编制装饰工程设计概算,编制装饰施工图预算,编制装饰竣工决算;能否进行装饰施工中的施工工艺技术组织和指导;能整理装饰施工资料,能完成施工现场人员、材料和机械的组织与协调

五、专业课程及实践环节(表6~表8)

表6 建筑室内设计专业各学期专业课程一览表

学期	主要课程	考核方式	考核时间
第一学期	思想道德修养与法律基础	考试	第20周
	形势与政策	考试	第20周
	大学生安全教育	考查	第20周
	大学生职业生涯规划	考查	第20周
	大学生心理健康教育	考查	第20周
	大学英语(一)	考试	第20周
	计算机应用基础	考试	第20周
	体育与健康	考查	第20周
	建筑制图与构造基础	考试	第20周

学期	主要课程	考核方式	考核时间
第一学期	建筑表现与美术基础	考查	第20周
	建筑构成与设计基础	考试	第20周
	社交礼仪（8选1）	考查	第20周
	建筑施工图抄绘实训	考查	第20周
	美术集训	考查	第20周
第二学期	思想道德修养与法律基础	考试	第20周
	形势与政策	考试	第20周
	大学生心理健康教育	考查	第20周
	军事理论	考查	第20周
	大学英语（二）	考试	第20周
	体育与健康	考查	第20周
	大学人文基础	考试	第20周
	艺术类选修（8选1）	考查	第20周
	计算机辅助设计	考查	第20周
	中外建筑历史	考试	第20周
	建筑制图与构造基础	考试	第20周
	建筑表现与美术基础	考查	第20周
	建筑构成与设计基础	考试	第20周
	BIM技术基础	考查	第20周
	建筑设计表达综合实训	考查	第20周
第三学期	毛泽东思想和中国特色社会主义理论体系概论	考试	第20周
	形势与政策	考试	第20周
	大学生创新创业教育	考查	第20周
	思政系列课程（3选1）	考查	第20周
	体育与健康	考查	第20周
	应用文写作（8选1）	考查	第20周
	居住建筑设计	考查	第20周
	园林景观设计	考查	第20周
	材料选型与构造设计	考查	第20周
	绿色建筑技术	考查	第20周
	居室空间设计	考试	第20周
	室内设计基础	考试	第20周
	GIS技术基础	考查	第20周
	手绘效果图表现实训	考查	第20周
	居室空间装饰施工图实训	考查	第20周

学期	主要课程	考核方式	考核时间
第四学期	毛泽东思想和中国特色社会主义理论体系概论	考试	第20周
	形势与政策	考试	第20周
	大学生就业教育与职业指导	考查	第20周
	演讲与口才（8选1）	考查	第20周
	体育与健康	考查	第20周
	公共空间设计	考试	第20周
	室内软装陈设设计	考查	第20周
	建筑装饰施工图	考查	第20周
	室内装饰工程招投标与项目管理	考试	第20周
	计算机辅助设计	考查	第20周
	商业空间专题综合实训	考查	第20周
第五学期	形势与政策	考试	第20周
	装饰工程计量与计价	考试	第20周
	室内装饰工程细部构造与工艺	考查	第20周
	建筑设备	考查	第20周
	家具设计	考查	第20周
	室内快题设计	考查	第20周
	建筑建模与渲染技法	考查	第20周
	建筑表现后期处理	考查	第20周
	建筑动画设计	考查	第20周
	专业技能综合实训	考查	第20周
	毕业设计	考查	
第六学期	顶岗实习及毕业教育		

注：考试是以闭卷考试、实操等方式进行；考查以课程设计、作业考核、文本汇报等方式进行。

表7　建筑室内设计专业实践性教学环节安排表

课程类别			实训项目名称	对应理论课程名称	内容及教学要求	专用周数	学分	开设学期	备注
公共实践		1	军事技能训练		军姿、军纪及必备军事技术能力训练	3	2	1	
		2	大学生综合素质实践（劳动实践）		在校期间，须累计修满500素质实践分	分散	2	1~5	
专业实践	综合性实践	1	美术集训	建筑表现与美术基础	静物结构素描与明暗素描训练	1	1	1	
		2	建筑施工图抄绘实训	建筑制图与构造基础	建筑施工图识读与工程图纸绘制实训	1	1	1	

续表

课程类别		实训项目名称	对应理论课程名称	内容及教学要求	专用周数	学分	开设学期	备注
专业实践	综合性实践	3 建筑设计表达综合实训	建筑构成与设计基础、建筑制图与构造基础、建筑表现与美术基础、BIM技术基础	完成某项目的调研、测量、工具绘制和BIM建筑建模等实训	3	3	2	
		4 手绘快题设计实训	室内设计基础	完成室内专题空间的手绘快题设计	2	2	3	
		5 居室空间装饰施工图实训	居室空间设计	根据所给方案设计出相应的施工图	1	1	3	
		6 商业空间专题综合实训	公共空间设计	完成某公共空间室内设计方案，达到初步设计深度	3	3	4	
		7 专业技能综合实训	所有专业核心课程	建筑室内设计专业基本技能、核心技能、拓展技能训练	2	2	5	
		8 毕业设计	专业课程	综合职业能力	9	9	5	
		9 顶岗实习	专业课程	要求达到零距离上岗实习	24	24	5、6	1~6月（含寒假3周）
合计					49	50		

表8 学生考证安排表

序号	课程名称	证书名称	考试时间
1	BIM技术基础	BIM技术等级证书	学校统一安排
2	计算机辅助设计	计算机CAD绘图	学校统一安排
3	大学英语	英语应用能力A级考试	学校统一安排
4	建筑制图与构造基础	建筑工程识图职业技能等级证书（初级）	学校统一安排

六、毕业标准

1. 按规定修完所有课程，成绩全部合格；
2. 完成 BIM 建模师证的考核内容；
3. 学分达到毕业学分规定；
4. 参加半年的顶岗实习并考核合格。

风景园林设计专业

一、专业现状

1. 专业简介

风景园林设计专业现有校内专任教师8人。高级职称3人（副教授、高级工程师），占37.5%；中级职称（讲师、园林工程师）4人，占50%；初级职称1人，占12.5%。学历结构为：硕士及以上5人，占62.5%；本科3人，占37.5%。双师结构为：注册城乡规划师、注册建筑师、注册建造师、注册造价师、高级工程师、景观工程师等"双师型"教师7人，占87.5%。往届毕业生调查数据见表1。

表1　往届毕业生调查数据 ❶

项目	2016届	2017届	2018届	2019届
毕业一年后的就业率	94%	95%	95%	96%
专业毕业一年后的月收入	3486元	3949元	3708元	4011元
毕业生工作与专业相关的人数	75%	78%	86%	87%

❶ 数据来源：麦可思数据有限公司"湖南城建职业技术学院应届毕业生社会需求与培养质量跟踪评价报告"。

2. 专业荣誉（表2）

表2　风景园林设计专业近年荣誉一览表

序号	年度	项目名称
1	2016	第十一届全国高职高专教育建筑设计类专业优秀毕业设计大赛二、三等奖
2	2017	第十二届全国高职高专教育建筑设计类专业优秀毕业设计大赛二、三等奖
3	2018	湖南省职业院校园林设计与施工技能大赛获二、三等奖
4	2019	湖南省高职高专园林设计与施工技能大赛获一、三等奖
5	2019	湘潭市"设计下乡"志愿服务大赛农村人居环境设计二、三等奖
6	2019	2019年湖南省职业院校教师职业能力竞赛教师教学能力赛项二等奖
7	2020	湖南省职业院校园林设计与施工技能大赛获三等奖

二、就业面向

主要就业面向为：园林景观设计院（公司、事务所）、园林设计咨询公司、园林工程（施工）公司、房地产公司及其他相关企事业单位。

三、就业岗位

初始就业岗位为风景园林设计师助理（风景园林方案设计员、风景园林施工图设计员），发展岗位为助理风景园林设计师，拓展岗位为园林工程施工员（表3、表4）。

表3　风景园林设计专业面向职业、岗位一览表

所属专业大类（代码）	所属专业类（代码）	对应行业（代码）	主要职业类别（代码）	主要岗位类别（或技术领域）				职业资格证书和职业技能等级证书举例
					初始岗位		发展岗位	预计年限	
土木建筑大类（44）	建筑设计类（4401）	其他土木工程建筑（4890）	风景园林工程技术人员（2-02-18-04）	风景园林设计师助理	风景园林方案设计员	助理风景园林设计师	3年	建筑信息模型（BIM）职业技能等级证书、建筑工程识图职业技能等级证书
					风景园林施工图设计员			

表4　风景园林设计专业初始岗位典型工作任务及能力分析表

面向岗位	职业岗位典型工作任务分析		需要的职业能力
	工作任务	工作要求	
风景园林方案设计员	园林方案设计	在设计师指导下应该做到 ◇ 景观方案设计可行性 ◇ 园林设计理论前瞻性 ◇ 方案设计汇报条理性	（1）能够识读园林工程施工图和其他相关工程设计、施工等文件，编制园林工程施工图； （2）能够熟练进行手工绘图与计算机辅助设计，编制设计文件成果； （3）能够正确选用园林工程材料； （4）能够参与园林工程项目管理； （5）能够正确识别地域常见园林植物，进行园林植物造景设计； （6）能够参与风景名胜区规划编制，独立完成中小规模各类型城市绿地设计； （7）能够参与完成园林设计项目基本管理； （8）能够利用BIM软件进行园林建筑建模，并具有BIM设计应用能力
	园林植物造景设计	在设计师指导下应该做到 ◇ 植物造景设计合理性 ◇ 植物造景设计规范性 ◇ 植物造景设计生态性	
	园林设计成果表达	在设计师指导下应该做到 ◇ 园林设计成果规范性 ◇ 园林设计成果美观性	
风景园林施工图设计员	园林工程总图施工图设计	在设计师指导下应该做到 ◇ 设计说明、总平面、索引平面图、坐标定位图、尺寸放线与网格图、竖向设计图、铺装索引平面图准确性 ◇ 施工图制图规范性 ◇ 施工图设计可实施性 ◇ 施工图设计协同性	
	景观种植施工图设计	在设计师指导下应该做到 ◇ 植物设计说明与苗木表、植物放线总平面图、乔木总平面图、灌木总平面、地被植物总平面图准确性 ◇ 施工图制图规范性 ◇ 施工图设计可实施性 ◇ 施工图设计协同性	
	园林大样详图设计	在设计师指导下应该做到 ◇ 铺装、园路、景墙、种植池、座椅等详图准确性 ◇ 施工图制图规范性 ◇ 施工图设计可实施性 ◇ 施工图设计协同性	

四、专业技能及考核方式、标准

依托湖南省高等职业院校建筑设计专业学生专业技能抽查标准、学生专业技能抽查题库，结合我院风景园林设计专业实际情况，对3大专业技能按照省级标准进行技能考试。

本专业技能抽查标准是基于职业岗位的专业基本技能和岗位核心技能确定考核模块，基于风景园林设计师助理职业岗位的工作过程、完成的典型工作任务确定考核内容。本专业技能抽查内容共设3大模块、18个典型工作任务考核项目：模块一是专业基本技能，包含3个考核项目；模块二是岗位核心技能，包含12个考核项目；模块三是跨岗位综合技能，包含3个考核项目。专业技能考核覆盖了人才培养规格中各项能力要求（表5）。

表5　风景园林设计专业技能

专业技能	对应课程	考 核 标 准
专业基本技能	建筑制图与构造基础	考核学生是否具有建筑工程图识读与绘制能力；是否具有运用计算机软件辅助设计能力；是否具有艺术造型及设计草图、效果图表现能力；是否具有建筑信息模型（BIM）基础建模能力
	建筑表现与美术基础	
	计算机辅助设计	
	BIM技术基础	
	建筑构成与设计基础	
	建筑施工图抄绘实训	
	建筑设计技术综合实训	
岗位核心技能	园林景观设计	考核学生是否具有识别地域常见园林植物和造景设计能力；是否具有园林工程施工图识读与设计的能力；是否具有中小规模各类型绿地设计的能力；是否具有参与园林工程项目管理的能力；是否具有一定的绿色建筑设计、分析及技术应用能力；是否具有风景园林设计专业新知识、新工艺、新技术综合技术应用能力
	园林施工图设计	
	园林树木认知与造景	
	园林工程项目管理	
	园林工程	
	居住建筑设计	
	材料选型与构造设计	
	绿色建筑技术	
	园林设计综合实训	
	园林设计技术综合实训	
	园林工程施工综合实训	
跨岗位综合技能	园林工程预算	考核学生是否具有参与园林工程施工的能力；是否具有参与园林场地测量能力；是否具有参与小型园林工程预算能力；是否具有风景园林设计专业新知识、新工艺、新技术综合技术应用能力；是否具有专业群相关专业工作岗位迁徙的学习能力
	园林水电设计	
	园林工程测量	
	园林工程	
	城乡规划管理与法规	
	村庄规划设计	
	修建性详细规划设计	
	小城镇总体规划设计	
	专业技能综合技能实训	

五、专业课程及实践环节（表6~表8）

表6　风景园林设计专业各学期专业课程一览表

学期	主要课程	考核方式	考核时间
第一学期	思想道德修养与法律基础	考试	第20周
	形势与政策	考试	第20周
	大学生安全教育	考查	第20周
	大学生职业生涯规划	考查	第20周
	大学生心理健康教育	考查	第20周
	大学英语（一）	考试	第20周
	计算机应用基础	考试	第20周
	体育与健康	考查	第20周
	建筑制图与构造基础	考试	第20周
	建筑表现与美术基础	考查	第20周
	建筑构成与设计基础	考试	第20周
	社交礼仪（8选1）	考查	第20周
	建筑施工图抄绘实训	考查	第20周
	美术集训	考查	第20周
第二学期	思想道德修养与法律基础	考试	第20周
	形势与政策	考试	第20周
	大学生心理健康教育	考查	第20周
	军事理论	考查	第20周
	大学英语（二）	考试	第20周
	体育与健康	考查	第20周
	大学人文基础	考试	第20周
	艺术类选修（8选1）	考查	第20周
	计算机辅助设计	考查	第20周
	中外建筑历史	考试	第20周
	建筑制图与构造基础	考试	第20周
	建筑表现与美术基础	考查	第20周
	建筑构成与设计基础	考试	第20周
	BIM技术基础	考查	第20周
	建筑设计表达综合实训	考查	第20周
第三学期	毛泽东思想和中国特色社会主义理论体系概论	考试	第20周
	形势与政策	考试	第20周
	大学生创新创业教育	考查	第20周

续表

学期	主要课程	考核方式	考核时间
第三学期	思政系列课程（3选1）	考查	第20周
	体育与健康	考查	第20周
	应用文写作（8选1）	考查	第20周
	园林景观设计	考查	第20周
	园林工程	考试	第20周
	园林树木认知与造景	考试	第20周
	园林工程测量	考查	第20周
	SU与后期处理	考查	第20周
	绿色建筑技术	考查	第20周
	环境心理学（8选1）	考试	第20周
	村庄规划设计（4选1）	考查	第20周
	园林设计综合实训	考查	第20周
	园林工程施工综合实训	考查	第20周
第四学期	毛泽东思想和中国特色社会主义理论体系概论	考试	第20周
	形势与政策	考试	第20周
	大学生就业教育与职业指导	考查	第20周
	演讲与口才（8选1）	考查	第20周
	体育与健康	考查	第20周
	居住建筑设计	考查	第20周
	园林景观设计	考试	第20周
	园林树木认知与造景	考查	第20周
	园林施工图设计	考试	第20周
	材料选型与构造设计	考查	第20周
	园林设计技术综合实训	考查	第20周
第五学期	形势与政策	考试	第20周
	修建性详细规划设计（4选1）	考查	第20周
	城乡规划管理与法规（4选1）	考试	第20周
	控制性详细规划设计（4选1）	考查	第20周
	园林水电设计（8选1）	考查	第20周
	园林工程预算（8选1）	考试	第20周
	园林生态学（8选1）	考查	第20周
	园林工程项目管理	考试	第20周
	GIS技术基础	考查	第20周
	园林设计综合表达/园林辅助设计综合表达	考查	第20周
	专业技能综合实训	考查	第20周
第六学期	顶岗实习及毕业教育		

注：考试是以闭卷考试、实操等方式进行；考查以课程设计、作业考核、文本汇报等方式进行。

表7 风景园林设计专业实践性教学环节安排表

课程类别		实训项目名称	对应理论课程名称	内容及教学要求	开设周数	学分	开设学期	备注
公共实践	1	军事技能训练	大学生国防与军事理论教育	军姿、军纪及必备军事技术能力训练	3	2	1	
	2	大学生综合素质实践（劳动实践）		在校期间，须累计修满500素质实践分	分散	2	1～5	
		分类小计			3	4		
专业实践	1	美术集训	建筑表现与美术基础	静物结构素描与明暗素描训练	1	1	1	
	2	建筑施工图抄绘实训	建筑制图与构造基础	建筑施工图识读与工程图纸绘制实训	1	1	1	
	3	建筑设计表达综合实训	建筑制图与构造基础、建筑构成与设计基础、建筑表现与美术基础	完成某项目的调研、测量、工具绘制和BIM建筑建模等实训	3	3	2	
	4	园林设计综合实训	园林景观	完成某园林景观方案设计，并运用SU建模、lumion场景建模与PS处理完成表现成果	2	2	3	
	5	园林工程施工综合实训	园林工程、园林工程测量	完成某园林工程场地测量，完成铺装工程施工、砌体工程施工等	1	1	3	
	6	园林设计技术综合实训	园林景观设计、园林树木认知与造景、园林施工图设计	完成某街坊组团绿地设计、造景设计，并完成其施工图设计	3	3	4	
	7	专业技能综合实训	各专业课程	风景园林专业基本技能、核心技能、综合技能训练	2	2	5	
	8	毕业设计	各专业课程	安排景观设计、园林施工图设计、园林工程施工三个方向选题	9	9	5	
	9	顶岗实习	各专业课程	要求达到零距离实习	24	24	5、6	1～6月
		分类小计			46	46		
		合计			49	50		

表8 学生考证安排表

序号	课程名称	证书名称	考试时间
1	BIM技术基础	BIM技术等级证书	学校统一安排
2	计算机辅助设计	计算机CAD绘图	学校统一安排
3	大学英语	英语应用能力A级考试	学校统一安排
4	建筑制图与构造基础	建筑工程识图职业技能等级证书（初级）	学校统一安排

六、毕业标准

1. 基本修业年限 3 年，学生可以根据自身学习需求，合理、弹性安排学习时间，最长不超过 6 年。

2. 按规定修完所有课程，成绩全部合格，学分达到毕业规定学分。

3. 毕业设计成果考核合格；参加半年的顶岗实习并考核合格。

4. 学生体质健康测试综合成绩合格，综合素质实践教育考核合格。

5. 鼓励学生在校期间获得职业资格证、职业技能等级证书以及普通话、英语三级等证书，但不与毕业证挂钩。

6. 本专业毕业生继续学习主要有两种途径：一是参加专升本；二是参加自学考试，其专业面向风景园林学、城乡规划等。

建筑动画技术专业（BIM 方向）

一、专业现状

1. 专业简介

建筑动画技术专业（BIM 方向）现有在校学生 216 人，教学团队共有教师 12 人，其中校内专任教师 8 人，占 67%；校外企业兼职教师 4 人，占 33%。本专业 BIM 方向共有学生 216 人，师生比为 1∶18。校内专任教师职称结构为：高级职称 2 人，占 25%；中级职称 4 人，占 50%；初级职称 2 人，占 25%。学历结构为：硕士及以上 5 人，占 63%；本科 3 人，占 37%。"双师素质"结构为："双师型"教师 4 人，占 50%。往届毕业生调查数据见表 1。

表 1 往届毕业生调查数据❶

项目	2019 届	2018 届
毕业半年后的就业率	100%	97%
专业毕业班年后的月收入	4288元	3760元
毕业生工作与专业相关的人数	74%	73%

❶ 数据来源：麦可思数据有限公司"湖南城建职业技术学院应届毕业生社会需求与培养质量跟踪评价报告"。

2. 专业荣誉（表2）

表 2 建筑动画技术专业（BIM 方向）近年荣誉一览表

序号	年度	项 目 名 称
1	2015	荣获全国大学生BIM应用大赛二等奖
		荣获全国第四届"龙图杯BIM应用大赛"优秀奖
2	2016	荣获全国大学生BIM应用网络大赛一等奖、三等奖各1项
3	2016	荣获全国大学生BIM毕业设计大赛三等奖2项
4	2017	荣获全国大学生BIM应用技能大赛一等奖、三等奖各1项
5	2017	荣获全国大学生优秀毕业设计作品竞赛二等奖、三等奖各1项
6	2018	湖南省职业院校大学生BIM技能竞赛3个三等奖
7	2019	湖南省职业院校技能竞赛BIM赛项1个一等奖

二、专业前景

1. BIM技术引发建筑行业的第二次革命

BIM（建筑信息模型）技术是工程项目物理和功能特性的数字化表达，是工程项目有关信息的共享知识资源。BIM 的作用是使工程项目信息在规划、设计、施工和运营维护全过程充分共享、无损传递，使工程技术和管理人员能够对各种建筑信息做出高效、正确的理解和应对，为多方参与的协同工作提供坚实基础，并为建设项目从概念到拆除全生命期中各参与方的决策提供可靠依据。BIM 的提出和发展，对建筑业的科技进步产生了重大影响。应用 BIM 技术，可望大幅度提高建筑工程的集成化程度，促进建筑业生产方式的转变，提高投资、设计、施工乃至整个工程生命期的质量和效率，提升科学决策和管理水平。

BIM 是目前世界上最先进的建筑行业综合设计施工技术，基于 BIM 在全球范围的广泛应用，BIM 被公认为建筑行业的第二次革命。

建筑信息模型 BIM（Building Information Modeling）技术作为建筑业的新技术、新理念和新手段，得到业内的普遍关注，正在引导建筑业传统思维方式、技术手段和商业模式的全面变革，将引发建筑业全产业链的第二次革命。发展与应用 BIM 技术已经成为推进绿色建造、促进产业升级的重要手段。

2. 政府推动 BIM 应用

近年来，我国对 BIM 技术的开发推广工作非常重视，2011 年 5 月，住房和城乡建设部颁发了《2011—2015 年建筑业信息化发展纲要》，把加快建筑信息模型（BIM）在工程中的应用、推动信息化标准建设作为行业发展总体目标的主要内容，并就推进 BIM 技术在建筑领域的应用提出了具体要求。2014 年住房和城乡建设部发布的《关于推进建筑业发展和改革的若干意见》中，再次明确推进建筑信息模型（BIM）等信息技术在工程设计、施工和运行维护全过程的应用等工作。2016 年 9 月，住房和城乡建设部在颁布的《2016—2020 年建筑业信息化发展纲要》中再次明确提出 "十三五" 时期，全面提高建筑业信息化水平，着力增强 BIM、大数据、智能化、移动通信、云计算、物联网等信息技术集成能力，建筑业数字化、网络化。加快 BIM 普及应用，实现勘察设计技术升级。推广基于 BIM 的协同设计，开展多专业间的数据共享和协同，优化设计流程，提高设计质量和效率。研究开发基于 BIM 的集成设计系统及协同工作系统，实现建筑、结构等专业的信息集成与共享。

3. BIM 人才需求

"BIM 技术正在推动着建筑工程设计、建造、运维管理等多方面的变革，将在 CAD 技术基础上广泛推广应用。BIM 技术作为一种新的技能，有着越来越大的社会需求，正在成为我国就业中的新亮点。" "从目前建筑业的发展看，BIM 技术应用肯定是大势所趋，这项技术将会是大型工程项目竞标的重要一项。市场需求促进了人才需求，也促进了教育培训需求。" 中国图学学会副秘书长王静说，由于我国各大高校还没有 BIM 的相关课程，熟悉 BIM 技术的教师更是缺乏。由于人才缺口大，市场上甚至出现了专门寻找 BIM 人才的猎头公司，有的公司甚至放开学历要求，只要懂 BIM 技术就非常抢手。随着国内大型建筑项目越来越多地采用 BIM 技术，BIM 技术人员成为急需的专业技术人员。BIM 人才缺口达数十万人 ❶。

---

❶ http://finance.cnr.cn/gundong/201304/t20130421_512414307.shtml

三、就业岗位

面向软件和信息技术服务业的建筑信息模型技术人员、动画设计人员职业群，能够从事BIM技术应用、建筑漫游动画设计、建筑效果图制作工作等相关工作的首选复合型技术技能人才（表3）。

表3　建筑动画技术专业（BIM方向）就业岗位及主要职责

序号	就业岗位	主要岗位职责
1	建筑信息模型技术员（BIM绘图员）	熟练识图（建筑施工图、结构施工图、水暖电施工图），初步掌握建筑、水暖电相关设计规范，能熟练运用Revit软件创建符合BIM实施规范的建筑信息模型（建筑模型、结构模型、机电模型），模型精度能达到企业标准，能进行管线综合、场地布置、施工进度组织模拟、工程算量统计及工程计价，能根据建筑信息模型出建筑施工图
2	建筑效果图制作员	熟练识读建筑施工图（建筑、结构图），熟练掌握3ds Max等建模软件应用，初步掌握招投标标书制作方法，能根据二维图纸制作建筑效果图并达到商业级标准
3	建筑动画制作员	熟练识读建筑施工图（建筑、结构、机电图），能在专业技术人员指导下熟练使用3ds Max软件及后期处理软件创建建筑施工工序、工艺演示动画及房地产动画制作

四、核心技能及考核方式、标准

根据专业技能抽查的基本要求，本专业技能抽查分为专业基本技能，岗位核心技能和跨岗位综合技能三大模块。每个模块下设若干技能操作试题。

本专业技能考核为现场技能操作考核，成绩评定采用过程考核与结果考核相结合。具体方式如下：

1. 参考模块选取

专业基本技能模块中所有项目必考；岗位核心技能模块由学校从项目一至项目六中自行选择三个项目考核；跨岗位综合技能模块由学校从项目三中自行选择一个项目考核。

2. 学生参考模块确定

参考学生按规定比例随机抽取考试模块，其中，30%考生参考专业基本技能模块，60%考生参考岗位核心技能自选模块，10%考生参考跨岗位拓展技能自选模块。各模块考生人数按四舍五入计算。

3. 试题抽取方式

学生在相应模块题库中随机抽取一道试题考核（表4）。

表4　建筑动画技术专业（BIM方向）核心技能

核心技能	对应课程	考核标准
3ds Max建筑室内模型制作	选择题	掌握软件建模基础知识
	熟练操作软件（3ds Max）	在规定的时间内完成作品
		电脑操作姿势正确
		文字输入操作熟练
		软件操作能使用快捷键

续表

核心技能	对应课程	考核标准
3ds Max 建筑室内模型制作	模型制作要求	图片上的主要模型都制作完成，无明显错误
		模型颜色与图片符合
		模型布局适中、美观
		模型比例基本正确
		模型结构清楚
3ds Max 建筑室外模型制作	选择题	掌握软件建模基础知识
	熟练操作软件（3ds Max）	在规定的时间内完成作品
		电脑操作姿势正确
		文字输入操作熟练
		软件操作能使用快捷键
	模型制作要求	图片上的主要模型都制作完成，无明显错误
		模型颜色与图片符合
		模型布局适中、美观
		模型比例基本正确
		模型结构清楚
Revit 土建建模	选择题	正确回答
	创建BIM模型	创建标高
		创建标高轴网
		创建墙体
		创建幕墙
		创建门
		创建窗
		创建楼板
		创建屋顶
	创建图纸	创建一层平面图图纸并导出JPEG文件
		创建1至7轴立面图图纸并导出JPEG文件
Revit 给水排水建模	选择题	掌握软件建模基础知识
	熟练操作软件（Revit）	在规定的时间内完成作品
		电脑操作姿势正确
		文字输入操作熟练
		软件操作能使用快捷键
	模型制作要求	正确绘制通风系统，无明显错误
		正确创建新风机族并正确放置在通风系统中
		正确添加风管附件及其他设备
		风管系统分类设置正确
		风管尺寸、位置与图纸要求吻合

核心技能	对应课程	考核标准
居住区环境景观设计绿色建筑设计	绘图步骤清晰，图纸布置合理	熟悉景观方案绘图步骤，完成图纸绘制任务；绘图质量达到要求，图示内容表达完整，布图适中、匀称、美观，图面清晰
	设计表达正确	景观结构主次关系分析准确；不遗漏次要景观节点；图例表达准确，图例与分析图对应表达准确。能选用图例进行表达；能合理表达出空间位置、层次、体量及数量关系；平面构图布局合理，各图示之间匹配度高
	图示表达规范整体	图例选型准确美观；图例的线条线型、粗细表达清楚；注重色彩搭配、图面整体性、协调性
绿色建筑设计、分析及技术应用	绘图步骤清晰，图纸布置合理	熟悉绘图步骤，完成图纸绘制任务，绘图质量达到要求，布图适中、匀称、美观，图面清晰，图示内容表达完整
	构造详图表达正确	熟练掌握建筑节点构造详图的表达方式，尺寸标注准确，图例表达准确

五、专业课程及实践环节（表5～表7）

表5 建筑动画技术专业（BIM方向）各学期专业课程一览表

学期	主要课程	考核方式	考核时间
第一学期	思想道德修养与法律基础	考试	第20周
	形势与政策	考试	第20周
	大学生安全教育	考查	第20周
	大学生职业生涯规划	考查	第20周
	大学生心理健康教育	考查	第20周
	大学英语	考试	第20周
	体育与健康	考查	第20周
	计算机应用基础	考查	第20周
	建筑制图与构造基础★	考试	第20周
	建筑表现与美术基础★	考查	第20周
	建筑构成与设计基础★	考试	第20周
	军事技能训练	考查	第20周
	大学生综合素质实践（劳动实践）	考查	第20周
	美术集训	考查	第20周
	建筑施工图抄绘实训	考查	第20周
第二学期	思想道德修养与法律基础	考试	第20周
	形势与政策	考试	第20周
	大学生心理健康教育	考查	第20周
	军事理论	考查	第20周
	大学英语	考试	第20周
	体育与健康	考查	第20周

续表

学期	主要课程	考核方式	考核时间
第二学期	大学人文基础	考查	第20周
	艺术类课程	考查	第20周
	大学生综合素质实践（劳动实践）	考查	第20周
	建筑制图与构造基础★	考试	第20周
	建筑表现与美术基础★	考查	第20周
	建筑构成与设计基础★	考试	第20周
	BIM技术基础★	考查	第20周
	计算机辅助设计★	考查	第20周
	中外建筑历史★	考试	第20周
	建筑设计表达综合实训	考查	第20周
第三学期	毛泽东思想和中国特色社会主义理论体系概论	考试	第20周
	形势与政策	考试	第20周
	大学生创新创业教育	考查	第20周
	体育与健康	考查	第20周
	劳动专题教育	考查	第20周
	思政系列课程	考查	第20周
	大学生综合素质实践（劳动实践）	考查	第20周
	居住建筑设计★	考查	第20周
	材料选型与构造设计★	考试	第20周
	绿色建筑技术★	考查	第20周
	建筑建模与渲染技法	考试	第20周
	水暖电识图与安装工艺	考查	第20周
	建筑施工技术基础	考查	第20周
	BIM机电建模综合实训	考查	第20周
	3D建模与渲染综合实训	考查	第20周
第四学期	毛泽东思想和中国特色社会主义理论体系概论	考试	第20周
	形势与政策	考试	第20周
	大学生就业教育与职业指导	考查	第20周
	体育与健康	考查	第20周
	大学生综合素质实践（劳动实践）	考查	第20周
	园林景观设计★	考查	第20周
	BIM机电建模与管线综合	考查	第20周
	施工进度计划与虚拟仿真	考查	第20周
	建筑动画设计	考试	第20周

学期	主要课程	考核方式	考核时间
第四学期	虚拟仿真综合实训（一）	考查	第20周
	建筑动画设计综合实训	考查	第20周
	工程项目BIM应用综合实训	考查	第20周
	虚拟仿真综合实训（二）	考查	第20周
	GIS技术基础	考查	第20周
	结构识图与钢筋算量	考查	第20周
	工程项目BIM应用	考查	第20周
第五学期	形势与政策	考试	第20周
	大学生综合素质实践（劳动实践）	考查	第20周
	建筑摄影	考查	第20周
	室内空间设计	考查	第20周
	公共空间设计	考查	第20周
	室内软装陈设设计	考查	第20周
	建筑动画后期制作	考查	第20周
	建设工程项目管理	考查	第20周
	数字影像技术基础	考查	第20周
	版式设计	考查	第20周
	专业技能综合实训	考查	第20周
	毕业设计	考查	第18周
	顶岗实习	考查	第20周
第六学期	大学生综合素质实践（劳动实践）	考查	第20周
	顶岗实习	考查	第20周

表6 建筑动画技术专业（BIM方向）实践性教学环节安排表

课程类别		实训项目名称	对应理论课程名称	内容及教学要求	开设周数	学分	开设学期	备注
专业综合性实践	1	美术集训	建筑表现与美术鉴赏	完成景物素描任务，要求透视、明暗正确	1	1	1	
	2	建筑施工图抄绘实训	建筑制图与构造基础	建筑施工图抄绘要求图幅正确、线宽、线型正确、编排正确、平面、立面、剖面抄绘正确	1	1	1	
	3	建筑设计表达综合实训	建筑构成与设计基础、建筑表现与美术基础、建筑制图与构造基础	完成小型空间设计成果，要求到达相应建筑方案图设计及表现图深度	3	3	2	

续表

课程类别		实训项目名称	对应理论课程名称	内容及教学要求	开设周数	学分	开设学期	备注
专业综合性实践	4	BIM机电建模综合实训	BIM机电建模与管线综合	完成BIM机电建模与管线综合成果，要求到达相应机电建模与管线综合深度	2	2	3	
	5	3D建模与渲染综合实训	BIM技术基础、计算机辅助设计、建筑建模与渲染技法	完成建筑效果图建模与渲染成果、要求造型正确、灯光设置合理、贴图符合及渲染参数设置要求	1	1	3	
	6	虚拟仿真综合实训	施工进度计划与虚拟仿真	完成施工项目虚拟仿真综合成果，要求到达相应虚拟仿真深度	1	1	4	
	7	建筑动画设计综合实训	建筑动画设计	完成建筑动画场景建构及漫游处理，要求符合动画输出规范及要求	1	1	4	
	8	工程项目BIM应用综合实训	工程项目BIM应用	完成工程项目BIM模型建立及进行工程项目BIM应用实操，要求能掌握工程项目BIM协同方法	1	1	4	
	9	专业技能综合实训	BIM机电建模与管线综合、施工进度计划与虚拟仿真、建筑建模与渲染技法、建筑动画设计	完成本专业技能抽查考核，要求掌握技能抽查标准中所涉技能点	2	2	5	
	10	综合实训（毕业设计）	BIM机电建模与管线综合、施工进度计划与虚拟仿真、建筑建模与渲染技法、建筑动画设计	完成毕业设计选题，并符合毕业设计答辩要求	9	10	5	
	11	顶岗实习	BIM机电建模与管线综合、施工进度计划与虚拟仿真、建筑建模与渲染技法、建筑动画设计	完成顶岗实习任务，并符合顶岗实习答辩要求	24	24	5、6	
分类小计					46	46		
合计					49	50		

表7 学生考证安排表

序号	课程名称	证书名称	考试时间
1	建筑制图与构造基础计算机辅助设计	"1＋X"建筑工程识图职业资格等级证书	2021年9月
2	所有课程	资料员/施工员	2022年3月
3	BIM技术基础、BIM技术应用	"1＋X"建筑信息模型BIM职业资格等级证书中级	2021年9月

六、毕业标准

1. 基本修业年限 3 年，学生可以根据自身学习需求，合理、弹性安排学习时间，最长不超过 6 年。

2. 按规定修完所有课程，成绩全部合格，学分达到毕业规定学分。

3. 毕业设计成果考核合格；参加半年的顶岗实习并考核合格。

4. 学生体质健康测试综合成绩合格，综合素质实践教育考核合格。

5. 鼓励学生在校期间获得职业资格证、职业技能等级证书以及普通话、英语三级等证书，但不与毕业证挂钩。

6. 本专业毕业生继续学习主要有两种途径：一是参加专升本；二是参加自学考试，其专业面向建筑学、视觉传达等。

建筑动画技术专业（建筑可视化方向）

一、专业现状

1. 专业简介

本专业培养理想信念坚定，德、智、体、美、劳全面发展，具有一定的科学文化水平，良好的人文素养、职业道德和创新意识，精益求精的工匠精神，较强的就业能力和可持续发展的能力，掌握建筑动画与模型制作专业所需的数字图形图像、影像视听语言、动画策划与管理等专业知识和建筑工程图识读与绘制、建筑模型建模、建筑动画策划设计与制作等专业技术能力，面向软件和信息技术服务业的动画设计人员、建筑信息模型技术人员职业群，能够从事建筑漫游动画设计、建筑效果图制作、动画后期制作工作等相关工作的首选复合型技术技能人才。

本专业教学团队共有教师 12 人，其中校内专任教师 8 人，占 67%；校外企业兼职教师 4 人，校内专任教师高级职称 2 人，硕士及以上 5 人；"双师型"教师 4 人。往届毕业生调查数据见表 1。

表 1　往届毕业生调查数据 ❶

项目	2017 届	2018 届	2019 届
毕业一年后的就业率	97%	97%	97%
专业毕业一年后的月收入	4050 元	4120 元	4288 元
毕业生工作与专业相关的人数	95%	96%	96%

❶ 数据来源：麦可思数据有限公司"湖南城建职业技术学院应届毕业生社会需求与培养质量跟踪评价报告"。

2. 专业荣誉（表 2）

表 2　建筑动画技术专业（建筑可视化方向）历年荣誉一览表

序号	年度	项目名称
1	2014	获全国大学生艺术展演比赛二等奖 1 名
2	2015	湖南省大学生广告艺术设计竞赛暨全国大学生广告艺术大赛湖南赛区比赛专科组平面类作品二等奖 1 名，平面类作品优秀奖 2 名，专科组动画类作品优秀奖 1 名
3	2016	获全国高职高专建筑教育类优秀毕业设计大赛动画类二等奖 1 名
4	2017	湖南省大学生广告艺术设计竞赛暨全国大学生广告艺术大赛湖南赛区比赛专科组平面类作品二等奖 1 名
5		获全国高职高专建筑教育类优秀毕业设计大赛动画类二等奖 1 名
6	2018	湖南省大学生广告艺术设计竞赛暨全国大学生广告艺术大赛湖南赛区比赛专科组平面类作品一等奖 1 名、二等奖 1 名

二、专业前景

　　建筑动画技术（建筑可视化方向）的国内市场是随着三维动画技术的不断提高和国内房地产行业的繁荣应运而生的，传统建筑设计中的效果图表现，已经不能满足日新月异的数字媒体时代下大众的视觉需求，建筑动画对于设计师来讲是建筑设计产品的艺术表现和艺术包装，对房地产商来讲是建筑产品的销售宣传和推广，有着不可低估的市场价值。尤其适用于那些尚未实现或准备实施的项目，使观者提前领略实施后的精彩结果。同时在当代社会经济建设诸多领域中广泛的应用，已经显示出越来越重要的作用和地位。

　　我国建筑动画市场的需求庞大，建筑动画的专业人才紧缺，培养高素质的专业人才显得尤为重要（图1、图2）。需要我们用新理念、新技术、新人才来迎接建筑动画行业的新发展。

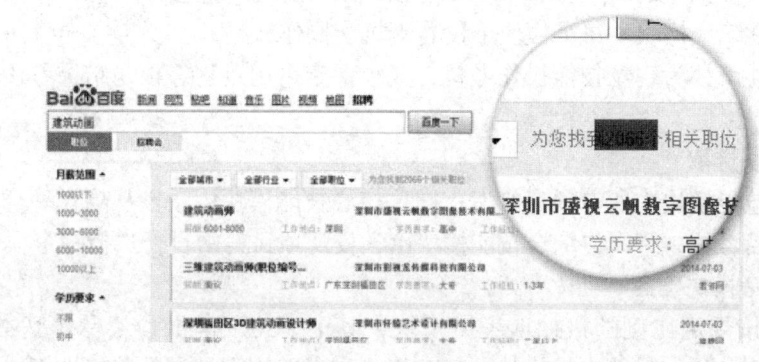

图1　建筑动画市场需求

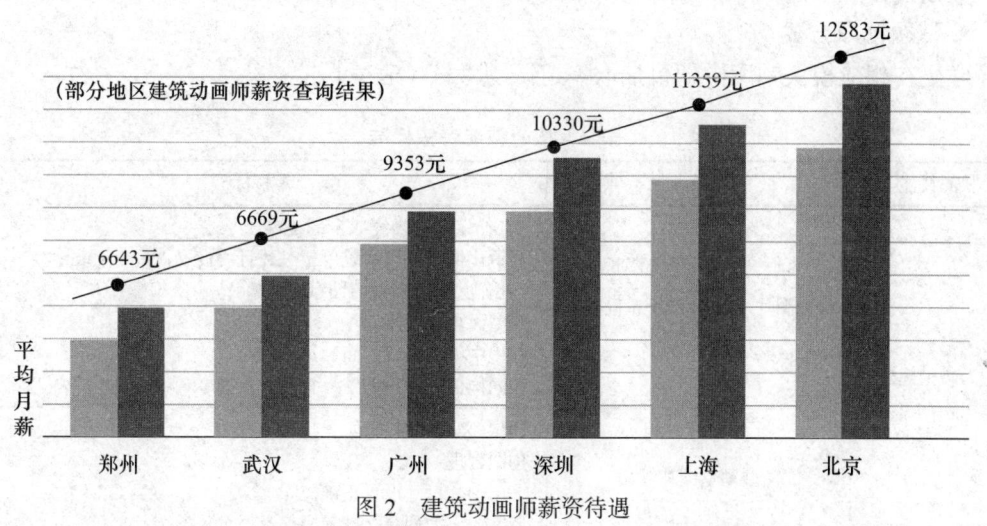

（部分地区建筑动画师薪资查询结果）

6643元　　6669元　　9353元　　10330元　　11359元　　12583元

平均月薪

郑州　　武汉　　广州　　深圳　　上海　　北京

图2　建筑动画师薪资待遇

三、就业岗位

　　面向软件和信息技术服务业的动画设计人员、建筑信息模型技术人员职业群，能够从事建筑漫游动画设计、建筑效果图制作、动画后期制作工作等相关工作的首选复合型技术技能人才（表3）。

表3　建筑动画技术专业（可视化方向）就业岗位及主要职责

序号	就业岗位	主要岗位职责
1	效果图制作员	识读建筑方案图、施工图和其他工程设计、制作等文件，完成建筑效果图的建模工作，完成建筑模型渲染后期制作
2	动画设计员	识读建筑方案图、施工图和其他工程设计、制作等文件，完成脚本构思，进行建筑动画制作

四、核心技能及考核方式、标准

根据专业技能抽查的基本要求，本专业技能抽查分为专业基本技能，岗位核心技能和跨岗位综合技能三大模块。每个模块下设若干技能操作试题。

本专业技能考核为现场技能操作考核，成绩评定采用过程考核与结果考核相结合。具体方式如下：

1. 参考模块选取

专业基本技能模块中所有项目必考；岗位核心技能模块由学校从项目一至项目六中自行选择三个项目考核；跨岗位综合技能模块由学校从项目三中自行选择一个项目考核。

2. 学生参考模块确定

参考学生按规定比例随机抽取考试模块，其中，30%考生参考专业基本技能模块，60%考生参考岗位核心技能自选模块，10%考生参考跨岗位拓展技能自选模块。各模块考生人数按四舍五入计算。

3. 试题抽取方式

学生在相应模块题库中随机抽取一道试题考核（表4）。

表4　核心技能考核标准

核心技能	考核点	考核标准
建筑模型建模	根据图片、CAD图纸正确建模	· 在给定时间内完成全部建模任务 ·显示比例单位与系统单位一致且均设置为毫米（mm） ·比例关系及尺寸与图纸一致 ·模型无重面、反面 ·模型中无多余线、面、体 ·相同构件的材质需统一且命名正确
	模型预览图片输出	· 环境灯光参数正确 ·构图合理 ·输出图片尺寸设置正确 ·最终成果文件命名准确、保存位置正确
建筑模型渲染	根据参考图完善材质	· 材质贴图大小符合参考图比例（UVW贴图参数合理） ·材质与给定参考图基本一致，无明显错误 ·相机角度呈现的部分内材质赋予完整，无材质丢失 ·材质的粗糙度、反射、透明、折射等参数调整合理

核心技能	考核点	考核标准
建筑模型渲染	合理布置灯光及相机	• 灯光、环境光的光照颜色设置与参考图基本一致 ·灯光、天空与环境光强度参数设置正确 • 光源方向、阴影方向与参考图一致 ·相机参数设置合理，角度大致准确
	合理布置配景	• 配景尺寸合理 ·配景位置合适
	渲染图片输出	• 输出图片尺寸设置正确，比例一致 ·最终成果文件命名准确、保存位置正确
建筑效果图 后期处理	建筑效果图后期制作	• 画面构图合理 ·天空及配景与建筑衔接和谐 • 配景比例适当，位置合适 ·色调统一且与参考图基本一致 ·细节光影与环境光影一致
	效果图输出	• 输出图片尺寸，分辨率设置正确 ·最终成果文件命名准确、保存位置正确
动画策划与制作	动画制作	• 在给定时间完成全部动画任务 ·镜头路径设置合理、运行流畅 ·建筑模型优化到位，无叠面、缺面、重面、反面等情况，一 栋建筑或地形均不得超过5000个面 ·场景材质颜色纹理正确、表达清晰 ·场景绿化位置、种类、尺寸合理 ·灯光照明设置与环境光一致，光影一致
	动画渲染输出	• 输出视频、序列图、速率设置正确 ·最终成果文件命名准确、保存位置正确
	动画分镜头脚本编写	• 在给定时间完成全部动画分镜头脚本编写任务 ·列出分镜头镜号 ·列出每个分镜头的景别 ·列出每个分镜头的时长 ·说明对应分镜头的音乐效果 • 用文字描述画面内容 ·列出分镜头对应的参考图 ·参考图与文字描述的画面内容一致 ·分镜头脚本格式与模板一致，版面正确
居住区环境 景观设计	绘图步骤清晰，图纸布置合理	熟悉景观方案绘图步骤，完成图纸绘制任务；绘图质量达到要求，图示内容表达完整，布图适中、匀称、美观，图面清晰
	设计表达正确	景观结构主次关系分析准确；不遗漏次要景观节点；图例表达准确，图例与分析图对应表达准确，能选用图例进行表达；能合理表达出空间位置、层次、体量及数量关系；平面构图布局合理，各图示之间匹配度高
	图示表达规范整体	图例选型准确美观；图例的线条线型、粗细表达清楚；注重色彩搭配、图面整体性、协调性
	图示表达规范整体	图例选型准确美观；图例的线条线型、粗细表达清楚；注重色彩搭配、图面整体性、协调性

核心技能	考核点	考核标准
绿色建筑设计、分析及技术应用	绘图步骤清晰，图纸布置合理	熟悉绘图步骤，完成图纸绘制任务，绘图质量达到要求，布图适中、匀称、美观，图面清晰，图示内容表达完整
	构造详图表达正确	熟练掌握建筑节点构造详图的表达方式，尺寸标注准确，图例表达准确

五、专业课程及实践环节（表5～表7）

表5　建筑动画技术专业（可视化方向）主要课程设置与教学进程表

学期	主要课程	考核方式	考核时间
第一学期	思想道德修养与法律基础	考试	第20周
	形势与政策	考试	第20周
	大学安全教育	考查	第20周
	大学生职业生涯规划	考查	第20周
	大学生心理健康教育	考查	第20周
	大学英语	考试	第20周
	体育与健康	考查	第20周
	计算机应用基础	考查	第20周
	建筑制图与构造基础	考试	第20周
	建筑表现与美术基础	考查	第20周
	建筑构成与设计基础	考试	第20周
第二学期	思想道德修养与法律基础	考试	第20周
	形势与政策	考试	第20周
	大学生心理健康教育	考查	第20周
	军事理论	考查	第20周
	大学英语	考试	第20周
	体育与健康	考查	第20周
	大学人文基础	考查	第20周
	艺术类选修	考查	第20周
	建筑制图与构造基础	考试	第20周
	建筑表现与美术基础	考查	第20周
	建筑构成与设计基础	考试	第20周
	BIM技术基础	考查	第20周
	计算机辅助设计	考查	第20周
	中外建筑历史	考试	第20周

续表

学期	主要课程	考核方式	考核时间
第三学期	毛泽东思想和中国特色社会主义理论体系概论	考试	第20周
	形势与政策	考试	第20周
	劳动专题教育	考查	第20周
	思政系列选修	考试	第20周
	居住建筑设计	考查	第20周
	材料选型与构造设计	考试	第20周
	建筑建模与渲染技法	考查	第20周
	建筑表现后期处理	考试	第20周
	数字影像技术基础	考查	第20周
	版式设计	考试	第20周
第四学期	毛泽东思想和中国特色社会主义理论体系概论	考试	第20周
	形势与政策	考试	第20周
	建筑动画设计	考查	第20周
	绿色建筑技术	考查	第20周
	园林景观设计	考查	第20周
	GIS技术基础	考查	第20周
	虚拟现实技术基础	考试	第20周
	创意与表达	考试	第20周
第五学期	形势与政策	考试	第20周
	影视剪辑与制作	考查	第20周
	室内空间设计、公共空间设计、室内软装陈设设计导识系统设计、广告文案、建筑摄影、建筑CAD（选三）	考查	第20周
		考查	第20周
	综合实训（毕业设计）	考查	第18周
	顶岗实习	考查	第20周
第六学期	顶岗实习及毕业教育	答辩考试	第20周

表6 建筑动画技术专业（可视化方向）实践性教学环节安排表

课程类别		实训项目名称	对应理论课程名称	内容及教学要求	开设周数	学分	开设学期
公共实践	1	军事技能训练		军姿、军纪及必备军事技术能力训练	3	2	1
	2	大学生综合素质实践（劳动实践）		在校期间，须累计修满500素质实践分	分散	2	1～5
		分类小计			3	4	

续表

课程类别		实训项目名称	对应理论课程名称	内容及教学要求	开设周数	学分	开设学期
专业综合性实践	1	美术集训	建筑表现与美术鉴赏	完成景物素描任务，要求透视、明暗正确	1	1	1
	2	建筑施工图抄绘实训	建筑制图与构造基础	建筑施工图抄绘要求图幅正确、线宽、线型正确、编排正确、平面、立面、剖面抄绘正确	1	1	1
	3	建筑设计表达综合实训	建筑构成与设计基础、建筑表现与美术基础、建筑制图与构造基础	完成小型空间设计成果，要求达到相应建筑方案图设计及表现图深度	3	3	2
	4	参观调研认知实习	建筑建模与渲染技法	完成建筑测绘及图像采集，要求符合建筑建模与渲染所需测绘及图像资料采集要求	1	1	3
	5	建筑可视化综合实训	BIM技术基础、计算机辅助设计、建筑建模与渲染技法	完成建筑效果图建模与渲染成果，要求造型正确、灯光设置合理、贴图符合渲染参数设置要求	2	2	3
	6	建筑动画制作综合实训	建筑动画设计	完成建筑场景建构及漫游动画处理，要求符合建筑动画输出规范要求	3	3	4
	7	专业技能综合实训	建筑建模与渲染技法、建筑动画设计、建筑表现后期处理	完成本专业技能抽查考核，要求掌握技能抽查标准中所涉技能点	2	2	5
	8	毕业设计	建筑建模与渲染技法、建筑动画设计、建筑表现后期处理、创意与表达	完成毕业设计选题并符合毕业设计答辩要求	9	9	5
	9	顶岗实习	建筑建模与渲染技法、建筑动画设计、建筑表现后期处理、创意与表达	完成顶岗实习任务，并符合顶岗实习答辩要求	24	24	5、6
分类小计					46	46	
合计					49	50	

表7 学生考证安排表

序号	课程名称	证书名称	考试时间
1	建筑制图与构造基础 计算机辅助设计	"1＋X"建筑工程识图职业资格等级证书	2021年9月
2	大学英语	英语应用能力A级考试	每年6月、12月
3	所有课程	资料员/施工员	2022年3月
4	BIM技术基础 BIM技术应用	"1＋X"建筑信息模型BIM职业资格等级证书中级	2021年9月

六、毕业标准

1. 基本修业年限 3 年，学生可以根据自身学习需求，合理、弹性安排学习时间，最长不超过 6 年。

2. 按规定修完所有课程，成绩全部合格，学分达到毕业规定学分。

3. 毕业设计成果考核合格；参加半年的顶岗实习并考核合格。

4. 学生体质健康测试综合成绩合格，综合素质实践教育考核合格。

5. 鼓励学生在校期间获得职业资格证、职业技能等级证书以及普通话、英语三级等证书，但不与毕业证挂钩。

6. 本专业毕业生继续学习主要有两种途径：一是参加专升本；二是参加自学考试，其专业面向建筑学、视觉传达等。

道路与桥梁工程技术专业

一、专业现状

1. 专业简介

道路与桥梁工程技术专业是市政与交通土建技术专业群的重点专业，现有教师 38 人，其中校内专任教师 26 人，占 68.4%；校外企业兼职教师 12 人，占 31.6%。学生数与本专业专任教师数比例为 20：1。

本专业校内专任教师职称结构为：高级职称 8 人，占 30.8%；中级职称 13 人，占 50.0%；初级职称 5 人，占 19.2%。学历结构为：研究生 22 人，占 84.6%；本科 4 人，占 15.4%。双师素质教师结构为：工程师、注册结构师、注册建造师、检测工程师等"双师素质"教师 16 人，占 61.5%。

2. 专业荣誉（表 1）

表 1　道路与桥梁工程技术专业历年荣誉一览表

序号	年度	项目名称
1	2015	湖南省职业院校土建类专业中青年教师技能竞赛工程测量赛项"四等水准测量"第一名、"建筑工程施工放样"第一名，团休二等奖
2	2015	2015 年全国职业院校技能大赛高职组"科力达"杯测绘赛项"1：500 数字测图"二等奖、"一级导线测量"三等奖、"二等水准测量"三等奖
3	2016	2016 年全国职业院校技能大赛高职组"科力达"杯测绘赛项"1：500 数字测图"二等奖
4	2017	湖南省职业院校土建类专业中青年教师技能竞赛《工程测量》项目竞赛三等奖，2017 湖南省职业院校技能竞赛高职测绘项目三等奖，2017 年湖南省职业院校信息化教学大赛中荣获高职信息化教学设计其他课程组项目三等奖
5	2018	2018 年全国交通运输职业教育"升拓杯"学生无损检测技能大赛中获团体二等奖 1 项，单项一等奖 1 项、二等奖 2 项、三等奖 1 项；2018 年湖南省职业院校技能竞赛高职组测绘项目团体三等奖
6	2019	2019 年湖南省职业院校教师信息化教学大赛荣获三等奖；2019 年"科力达杯"全国高职院校大学生测绘技能大赛荣获二等水准测量项目（总排名全国 16）全国二等奖、1：500 数字测图项目（总排名全国 12）全国二等奖，并获团体总分全国二等奖；2019 年湖南省职业院校技能竞赛高职组工程测量项目二等奖；2019 年第二届全国交通运输职业教育"升拓杯"学生无损检测技能大赛获团体一等奖 1 项、团体二等奖 1 项，单项一等奖 2 项、二等奖 4 项、三等奖 3 项
7	2020	2020 年湖南省职业院校技能竞赛高职组工程测量项目二等奖；2020 年湖南省职业院校技能竞赛"高职工程施工放样"赛项一等奖；2020 年湖南省教师教学能力赛项二等奖 1 项、三等奖 1 项

二、专业前景

1. 2019 年交通运输行业发展统计公报

截至 2019 年末，全国公路总里程 501.25 万公里，比上年增加 16.60 万公里。公路密度 52.21 公里／百平方公里，增加 1.73 公里／百平方公里。公路养护里程 495.31 万公里，占公路总里程的 98.8%。

2019 年末全国四级及以上等级公路里程 469.87 万公里，比上年增加 23.29 万公里，占公路总里程的 93.7%，提高 1.6 个百分点。二级及以上等级公路里程 67.20 万公里，增加 2.42 万公里，占公路总里程的 13.4%，占比与上年基本持平。高速公路里程 14.96 万公里，增加 0.70 万公里；高速公路车道里程 66.94 万公里，增加 3.61 万公里。国家高速公路里程 10.86 万公里，增加 0.31 万公里。

2019 年末国道里程 36.61 万公里，省道里程 37.48 万公里。农村公路里程 420.05 万公里，其中县道里程 58.03 万公里，乡道里程 119.82 万公里，村道里程 242.20 万公里。

2019 年末全国公路桥梁 87.83 万座、6063.46 万米，比上年增加 2.68 万座、494.86 万米，其中特大桥梁 5716 座、1033.23 万米，大桥 108344 座、2923.75 万米。全国公路隧道 19067 处、1896.66 万米，增加 1329 处、173.05 万米，其中特长隧道 1175 处、521.75 万米，长隧道 4784 处、826.31 万米。

2. 交通强国建设纲要

到 2020 年，完成决胜全面建成小康社会交通建设任务和"十三五"现代综合交通运输体系发展规划各项任务，为交通强国建设奠定坚实基础。

从 2021 年到 21 世纪中叶，分两个阶段推进交通强国建设。

到 2035 年，基本建成交通强国。现代化综合交通体系基本形成，人民满意度明显提高，支撑国家现代化建设能力显著增强；拥有发达的快速网、完善的干线网、广泛的基础网，城乡区域交通协调发展达到新高度；基本形成"全国 123 出行交通圈"（都市区 1 小时通勤、城市群 2 小时通达、全国主要城市 3 小时覆盖）和"全球 123 快货物流圈"（国内 1 天送达、周边国家 2 天送达、全球主要城市 3 天送达），旅客联程运输便捷顺畅，货物多式联运高效经济；智能、平安、绿色、共享交通发展水平明显提高，城市交通拥堵基本缓解，无障碍出行服务体系基本完善；交通科技创新体系基本建成，交通关键装备先进安全，人才队伍精良，市场环境优良；基本实现交通治理体系和治理能力现代化；交通国际竞争力和影响力显著提升。

到 21 世纪中叶，全面建成人民满意、保障有力、世界前列的交通强国。基础设施规模质量、技术装备、科技创新能力、智能化与绿色化水平位居世界前列，交通安全水平、治理能力、文明程度、国际竞争力及影响力达到国际先进水平，全面服务和保障社会主义现代化强国建设，人民享有美好交通服务。

3. 湖南省综合交通网络建设

以综合运输通道和综合交通枢纽建设为重点，促进多种运输方式协同发展，全面提升各级城镇的通达性，支撑和引导全省新型城镇化格局加快形成。

充分发挥综合交通运输通道对城镇化格局的支撑和引导作用，着力构建并完善以铁路、高速公路为骨干，普通公路、水路、民航和管道共同发展，覆盖全省的"六纵六横"综合运输通道，加快形成沟通南北、连接东西、通江达海、便捷联系海内外的综合交通运输体系。到 2020 年，铁路网基本覆盖所有城区人口 20 万以上城市，快速铁路覆盖全部城区人口 50 万以上城市，所有县（市、区）在 30 分钟内上高速公路，80% 以上的县（市、区）能够在 1.5 小时左右的车程享受到航空服务。

建设以长株潭为核心，连通衡阳、娄底、岳阳、益阳、常德等城市的放射状城际轨道交通网。完善城际道路运输网络，推进长沙—益阳、常德，长沙—岳阳，株洲—衡阳，湘潭—娄底城际铁路建设，积极推进城际轨道设施建设。到 2020 年，基本形成以长沙为中心的覆盖全省其他所有市（州）的 4 小时公路交通圈，实现相邻市（州）间均有高速公路直接连通。

按照布局合理、功能完善、衔接顺畅的要求，以设施、信息、运营和管理"四个一体化"为重点，加快长株潭、岳阳等全国性综合交通枢纽及常德、衡阳、怀化等区域性交通枢纽建设。优化枢纽场站的集疏运网络规划设计，建立以公共交通为主导的客运枢纽衔接网络。加强轨道交通、快速公交等大容量快速交通方式与民航机场的衔接，保证枢纽场站与集疏运同步建设。支持长沙建设大型综合立体化客运枢纽。加快轨道交通站场城市综合体规划建设工程，以综合交通枢纽建设促进轨道交通国家铁路网、城际铁路网、市域（郊）铁路网，以及部分城市轨道交通网等实现"多网融合"。到 2020 年，基本形成人便其行、货畅其流的现代化综合交通枢纽新格局。

构建内畅外联的市域交通系统，建设以县城为中心的县乡交通圈，全面提高中小城市和小城镇交通通达水平。进一步提高普通国道省道公路网覆盖范围和技术等级，加快普通干线公路升级改造，到 2020 年实现县城与市（州）中心城市至少一条二级公路联通，基本实现重要景区通二级及以上公路。

4. 湖南省2020年高速公路、铁路建设计划

2019 年，湖南省持续推进基础设施补短板。加快构建内外无缝对接的陆路、水运、航空、能源、信息大通道，浩吉、黔张常铁路开通运营，怀芷、南益高速公路建成通车，常益长铁路、平益高速公路全面开工，长益复线、龙琅高速公路加快建设，铁路、高速公路出省通道分别达 19 个、25 个，新增铁路通车里程 564 公里。实施乡村振兴战略，建设自然村通水泥（沥青）路 1.66 万公里。

2020 年加强基础设施建设，推动形成优势互补高质量发展的区域经济布局，狠抓重大基础设施项目。加快市市通高铁的建设步伐，实现县县通高速、村村通硬化路。加快建设张吉怀、常益长、渝怀复线铁路，长益扩容、祁常、安慈、官新高速和湘西、郴州机场等在建项目，加快长沙机场改扩建，推进长赣、邵永、铜吉铁路和张官、炉慈高速等项目前期工作，加快高等级航道和重点港口建设。

三、就业岗位

以道路、桥梁、隧道工程施工企业一线的项目施工员为主要就业岗位，以测量员、试验员、预算员等为就业岗位群（表2）。

表 2　道路与桥梁工程技术专业就业岗位与典型工作任务

面向岗位	职业岗位典型工作任务分析		需要的职业能力
	工作任务	工作要求	
施工员（核心岗位）	施工组织策划	◇ 参与施工组织管理策划 ◇ 参与制定管理制度	（1）能够参与编制施工组织设计和专项施工方案；

面向岗位	职业岗位典型工作任务分析		需要的职业能力
	工作任务	工作要求	
施工员 （核心岗位）	施工技术管理	◇ 参与图纸会审、技术核定 ◇ 负责施工作业班组的技术交底 ◇ 负责组织测量放线、参与技术复核	（2）能够识读施工图和其他工程设计、施工等文件； （3）能够编写技术交底文件，并实施技术交底； （4）能够正确划分施工区段，合理确定施工顺序； （5）能够进行资源平衡计算，参与编制施工进度计划及资源需求计划，控制调整计划； （6）能够进行工程量计算及初步的工程计价； （7）能够确定施工质量控制点，参与编制质量控制文件、实施质量交底； （8）能够确定施工安全防范重点，参与编制职业健康安全与环境技术文件、实施安全和环境交底； （9）能够识别、分析、处理施工质量缺陷和危险源； （10）能够参与施工质量、职业健康安全与环境问题的调查分析； （11）能够记录施工情况，编制相关工程技术资料
	施工进度成本控制	◇ 参与制定并调整施工进度计划、施工资源需求计划，编制施工作业计划 ◇ 参与做好施工现场组织协调工作，合理调配生产资源；落实施工作业计划 ◇ 参与现场经济技术签证、成本控制及成本核算 ◇ 负责施工平面布置的动态管理	
	质量安全环境管理	◇ 参与质量、环境与职业健康安全的预控 ◇ 负责施工作业的质量、环境与职业健康安全过程控制，参与隐蔽、分项、分部和单位工程的质量验收 ◇ 参与质量、环境与职业健康安全问题的调查，提出整改措施并监督落实	
	施工资料管理	◇ 负责编写施工日志、施工记录等相关施工资料 ◇ 负责汇总、整理和移交施工资料	
测量员	测量准备	◇ 正确识读工程测量图纸 ◇ 熟练使用测量仪器，定期对仪器进行检验，能完成基本校正 ◇ 资料准备	（1）能根据工程需要，正确识读工程测量图纸； （2）能根据工程放样方法的要求准备放样数据； （3）能熟练地使用常用测量仪器（水准仪、全站仪）； （4）能进行各类工程测量平面和高程控制网的选点、埋石和观测、记录； （5）能进行大比例尺地形图测绘； （6）能完成常规的坐标测量和坐标放样工作； （7）能完成各类工程施工测量原始观测数据的整理、检查与汇总
	测量项目实施	◇ 平面和高程控制测量 ◇ 大比例尺地形图测绘 ◇ 坐标测量和坐标放样 ◇ 工程施工测量	
	测量资料管理	◇ 测量数据处理 ◇ 负责汇总、整理、移交测量数据和测量仪器资料	
试验员	材料质量控制	◇ 试验检测计划的编制 ◇ 原材料的抽样检测 ◇ 混合料的配合比设计	（1）能参与完成试验检测计划的编写； （2）能够独立完成集料、钢筋、水泥、沥青等原材料质量检测工作； （3）参与水泥混凝土、沥青混合料和无机结合稳定材料配合比设计工作； （4）能够完成工程各结构的现场质量检测
	工程质量检测	◇ 现场混合料的质量检测 ◇ 施工过程质量检测 ◇ 成品的质量检测	
	实验资料管理	◇ 实验资料整理归档 ◇ 负责汇总、整理、移交试验检测资料	

面向岗位	职业岗位典型工作任务分析		需要的职业能力
	工作任务	工作要求	
预算员	工程计量	◇ 识读图纸，核算图纸工程量 ◇ 根据清单计量规范正确提取清单工程量 ◇ 根据工程预算定额要求正确填写定额工程量	（1）能够熟悉掌握国家的法律法规有关工程造价的管理规定，掌握理论知识，熟悉工程图纸，掌握工程预算定额及有关政策规定； （2）能够根据图纸会审和技术交底进行预算调整； （3）能够协助上级做好工程项目的立项申报，组织投标、开工前的报批及竣工后的验收工作； （4）能够进行工程造价的经济分析，及时完成工程预算资料的归档
	工程计价	◇ 根据规范计取各项费用，不重不漏 ◇ 根据规范正确计算工程项目安装工程费 ◇ 工程项目的经济分析有理有据	
	工程造价 文件编制	◇ 进行图纸会审，合理调整项目造价 ◇ 投标文件编制正确 ◇ 施工图预算文件编制齐全、正确	

四、技能及考核方式、标准

道路与桥梁工程技术专业技能考核包括专业基础技能、岗位核心技能和跨专业技能三个模块。通过专业基本技能考核，测试学生识读路桥工程施工图的技能；测试学生绘制路桥工程施工图的技能；测试学生 CAD 软件的应用技能；测试学生工程材料试验的技能；测试学生利用测量仪器进行施工测量放线的技能。通过岗位核心技能考核，测试学生公路路线设计的能力；测试学生常见的公路工程路基路面现场检测和质量评定能力；测试学生绘制横道图进度计划的技能，分析路桥工程施工工艺流程的能力；测试学生编制工程量清单与定额计量的技能；测试学生编制清单计价的技能。通过跨专业技能，测试学生对专业群市政专业的城市给水排水管网设计参数计算的能力。在测试学生以上技能的同时对其在实际操作过程中所表现出来的职业素养进行综合评价（表3）。

表3 道路与桥梁工程技术专业技能考核表

考核模块	考核项目	对应课程	考核标准内容
专业基本技能	项目一： 公路工程识图与制图	工程制图与识图 工程CAD	考核学生在掌握工程制图基本知识、画法几何基本原理、路基施工技术、路面施工技术、桥梁施工技术等课程的基础上，能够识读市政施工相关结构物（包括路基结构、防护工程、路面工程、桥梁工程等）的图纸并会运用国家道路工程制图现行规范、规程和相关标准进行工程实体图纸的绘制
	项目二： 公路工程材料试验与检测	工程材料	考核学生对工程施工中常用材料的基本技术指标进行试验检测的技能，包括考核学生是否熟悉各常用材料对应的技术规范，是否能完整和规范的完成试验操作步骤，是否能正确记录与处理试验数据并对材料相关技术性进行评价
	项目三： 公路工程测量与放样	工程测量	考核学生是否能完成四等水准线路外业施测，并根据给定的已知高程点和水准线路数据，进行近似平差计算，对测量结果的精度进行分析及评定。考查学生是否能完成一级闭合导线外业施测，并根据给定的已知坐标点和起算方位角数据，进行近似平差计算，对测量结果的精度进行分析及评定

考核模块	考核项目	对应课程	考核标准内容
岗位核心技能	项目四：公路工程勘测设计	公路勘测设计	考核学生在熟悉公路路线设计相关主要的工程技术标准、规范等国家标准的基础上，能够初步进行不同公路等级线路平、纵及横断面设计工作，并能够利用AutoCAD软件绘制及修改相关公路线路平面设计图
	项目五：公路工程造价	公路工程造价	考核学生是否熟悉相关规范、定额，是否具备公路工程施工图预算的编制能力及相应表格的填写，是否熟练操作软件，是否能正确套用定额；是否能正确完成公路工程建安费的计算
	项目六：公路工程质量检测与评定	公路工程检测技术	考核学生是否熟悉相关规范，是否掌握常见的路基压实度、路面平整度、路面抗滑性能、路面回弹弯沉等路基路面现场项目检测和质量评定等基本技能；是否能规范正确填写检测记录表、报告、质量评定表等资料。考核学生按规范要求选择合适的仪器，正确操作及记录数据，并对路基路面工程各结构层施工质量进行评价
	项目七：公路工程施工组织	桥梁施工技术、隧道施工技术、路基施工技术、路面施工技术、隧道施工技术、施工组织	主要考核学生基本的路桥工程施工与组织能力，能够正确分析施工工艺流程；能够按照规范要求有序进行施工组织；能够按照施工时间参数正确分析各个施工工序的逻辑关系，能够按照规范要求正确绘制施工横道图进度计划
跨专业技能	项目八：城市给水排水工程设计	城市给水排水工程	主要考核学生是否熟悉相关规范，具有基本的设计参数计算能力，了解城市给水排水系统工况分析等工作

五、专业课程及实践环节（表4～表6）

表4　道路与桥梁工程技术专业课程一览表

学期	主要课程	考核方式	考核时间
第一学期	思想道德修养与法律基础	考试	第20周
	形势与政策	考试	第20周
	大学生安全教育	考查	第20周
	大学生职业生涯规划	考查	第20周
	大学生心理健康教育	考查	第20周
	大学英语	考查	第20周
	体育与健康	考查	第20周
	计算机应用基础	考查	第20周
	大学人文基础	考查	第20周
	工程力学	考试	第20周
	工程制图与识图	考试	第20周

续表

学期	主要课程	考核方式	考核时间
第二学期	思想道德修养与法律基础	考试	第20周
	形势与政策	考试	第20周
	大学生心理健康教育	考查	第20周
	大学英语	考查	第20周
	体育与健康	考查	第20周
	大学人文基础	考查	第20周
	工程测量	考试	第20周
	工程材料	考试	第20周
	工程岩土	考试	第20周
第三学期	毛泽东思想和中国特色社会主义理论体系概论	考试	第20周
	形势与政策	考试	第20周
	大学生创新创业教育	考查	第20周
	体育与健康	考查	第20周
	劳动专题教育	考查	第20周
	工程CAD	考试	第20周
	工程测量	考试	第20周
	公路勘测设计	考试	第20周
	隧道施工技术	考试	第20周
第四学期	毛泽东思想和中国特色社会主义理论体系概论	考试	第20周
	形势与政策	考试	第20周
	大学生就业教育与职业指导	考查	第20周
	体育与健康	考查	第20周
	桥梁施工技术	考试	第20周
	路基施工技术	考试	第20周
	路面施工技术	考试	第20周
	公路工程检测技术	考试	第20周
第五学期	形势与政策	考试	第9周
	公路工程造价	考试	第9周
	施工组织	考试	第9周

注：不包含专业选修课和实践性教学环节（实践性教学环节见表5）。

表5　道路与桥梁工程技术专业实践性教学环节安排表

课程类别		实训项目名称	对应理论课程名称	内容及教学要求	开设周数	学分	开设学期	备注
公共实践	1	军事技能训练	—	军姿、军纪及必备军事技术能力训练	3	2	1	
	2	大学生综合素质实践（劳动实践）	—	在校期间，须累计修满500素质实践分	分散	2	1～5	
		分类小计			3	4		
单项课程实践	1	工程制图与识图实训	工程制图与识图	施工图绘制、识读训练	1	1	1	
	2	工程测量实训	工程测量	测量基本能力训练	1	1	2	
	3	工程CAD实训	工程CAD	计算机辅助绘图能力训练	1	1	3	
	4	隧道施工技术实训	隧道施工技术	某隧道分项工程施工方案编制	1	1	3	
	5	桥梁施工技术实训	桥梁施工技术	某桥梁分项工程施工方案编制	1	1	4	
	6	公路工程检测技术实训	公路工程检测技术	某公路工程质量检测与评定能力训练	1	1	4	
		分类小计			6	6		
专业实践 综合性实践	1	认识实习	—	参观施工工地，了解施工工艺、施工现场等情况	1	1	1	
	2	常见建筑材料质量检测	工程材料工程岩土	完成常见建筑材料，如水泥、砂、石、填筑材料（土、结合料）、钢材等的性能与质量检测试验	2	2	2	
	3	公路线路勘测与设计	工程测量公路勘测设计	利用测量仪器及相关软件完成地形图的测量与出图，在导出的图纸上进行公路线路选线工作，依据规范完成线路平面、纵断面以及横断面的设计工作	2	2	3	
	4	路基路面施工方案编制	路基施工技术路面施工技术	编制某在建公路工程路段路基及路面施工方案	2	2	4	
	5	毕业设计	—	从分部/分项工程施工组织设计（施工方案）编制、施工图预算、工程检测方案编制及实施、工程测量方案标准及实施中进行选题完成综合性毕业设计	9	9	5	
	6	顶岗实习	—	施工现场学习工程实际操作	24	24	5、6	
		分类小计			40	40		
		合计			49	50		

表6　道路与桥梁工程技术专业课证融通一览表

证书类别	证书名称	颁证单位	融通课程	
通用证书	高等学校英语应用能力考试证书	高等学校英语应用能力考试委员会	大学英语	
	普通话水平测试等级证书	湖南省语言工作委员会	演讲与口才、普通话	
"1＋X"职业技能等级证书	建筑信息模型BIM职业技能等级证书	廊坊市中科建筑产业化创新研究中心	专业基础技能课程	工程识图与制图、工程CAD等
			专业核心技能课程	桥梁施工技术、公路工程造价等
			专业拓展技能课程	BIM技术基础
			实践性教学环节	毕业设计
职业资格证书	施工员	交通运输部职业资格中心	专业基础技能课程	工程测量、工程材料、工程制图与识图、工程岩土、工程CAD等
			专业核心技能课程	公路勘测设计、隧道施工技术、桥梁施工技术、路基施工技术、路面施工技术、公路工程造价、施工组织等
			专业拓展技能课程	工程招标与投标、工程经济、建设法规、工程项目管理与监理等
			实践性教学环节	毕业设计
	工程测量员	国家测绘地理信息职业技能鉴定指导中心	专业基础技能课程	工程测量
			专业核心技能课程	公路勘测设计
			专业拓展技能课程	轨道交通施工监测
			实践性教学环节	公路线路勘测与设计

六、毕业标准

1. 基本修业年限3年，学生可以根据自身学习需求，合理、弹性安排学习时间，最长不超过6年。

2. 按规定修完所有课程，成绩全部合格，学分达到毕业规定学分。

3. 毕业设计成果考核合格；参加半年的顶岗实习并考核合格。

4. 学生体质健康测试综合成绩合格，综合素质实践教育考核合格。

5. 鼓励学生在校期间获得职业资格证、职业技能等级证书以及普通话、英语三级等证书，但不与毕业证挂钩。

6. 本专业毕业生继续学习主要有两种途径：一是参加专升本；二是参加自学考试，其专业面向土木工程、交通土建工程、工程造价管理等。

市政工程技术专业

一、专业现状

1. 专业简介

市政工程技术专业是市政与交通土建技术专业群的核心专业，现有教师38人，其中校内专任教师26人，占68.4%；校外企业兼职教师12人，占31.6%。学生数与本专业专任教师数比例为20：1。

本专业校内专任教师职称结构为：高级职称8人，占30.8%；中级职称13人，占50.0%；初级职称5人，占19.2%。学历结构为：研究生22人，占84.6%；本科4人，占15.4%。双师素质教师结构为：工程师、注册结构师、注册建造师、检测工程师等"双师素质"教师16人，占61.5%。

2. 专业荣誉（表1）

表1 市政工程技术专业历年荣誉一览表

序号	年度	项目名称
1	2015	湖南省职业院校土建类专业中青年教师技能竞赛工程测量赛项"四等水准测量"第一名，"建筑工程施工放样"第二名，团体二等奖
2	2015	2015年全国职业院校技能大赛高职组"科力达"杯测绘赛项"1：500数字测图"二等奖、"一级导线测量"三等奖、"二等水准测量"三等奖
3	2016	2016年全国职业院校技能大赛高职组"科力达"杯测绘赛项"1：500数字测图"二等奖
4	2017	湖南省职业院校土建类专业中青年教师技能竞赛《工程测量》项目竞赛三等奖，2017年湖南省职业院校技能竞赛高职测绘组项目三等奖，2017年湖南省职业院校信息化教学大赛中荣获高职信息化教学设计其他课程组项目三等奖
5	2018	2018年全国交通运输职业教育"升拓杯"学生无损检测技能大赛中获团体二等奖1项，单项一等奖1项、二等奖2项、三等奖1项；2018年湖南省职业院校技能竞赛高职组测绘项目团体三等奖
6	2019	2019年湖南省职业院校教师信息化教学大赛荣获三等奖；2019年"科力达杯"全国高职院校大学生测绘技能大赛荣获二等水准测量项目（总排名全国16）全国二等奖、1：500数字测图项目（总排名全国12）全国二等奖，并获团体总分全国二等奖；2019年湖南省职业院校技能竞赛高职组工程测量项目二等奖
7	2020	2020年湖南省职业院校技能竞赛高职组工程测量项目二等奖；2020年湖南省职业院校技能竞赛"高职工程施工放样"赛项一等奖；2020年湖南省教师教学能力赛项二等奖1项、三等奖1项

二、专业前景

1. 国家新型城镇化规划（2014—2020年）

完善综合运输通道和区际交通骨干网络，强化城市群之间交通联系，加快城市群交通一体化规划建设，改善中小城市和小城镇对外交通，发挥综合交通运输网络对城镇化格局的支撑和引导作用。到2020年，普通铁路网覆盖20万以上人口城市，快速铁路网基本覆盖50万以上人口城市；普通国道基本覆盖县城，国家高速公路基本覆盖20万以上人口城市；民用航空网络不断扩展，航空服务覆盖全国90%左右的人口。

依托国家"五纵五横"综合运输大通道，加强东中部城市群对外交通骨干网络薄弱环节建设，加快西部城市群对外交通骨干网络建设，形成以铁路、高速公路为骨干，以普通国省道为基础，与民航、水路和管道共同组成的连接东西、纵贯南北的综合交通运输网络，支撑国家"两横三纵"城镇化战略格局。

按照优化结构的要求，在城市群内部建设以轨道交通和高速公路为骨干，以普通公路为基础，有效衔接大中小城市和小城镇的多层次快速交通运输网络。提升东部地区城市群综合交通运输一体化水平，建成以城际铁路、高速公路为主体的快速客运和大能力货运网络。推进中西部地区城市群内主要城市之间的快速铁路、高速公路建设，逐步形成城市群内快速交通运输网络。

建设以铁路、公路客运站和机场等为主的综合客运枢纽，以铁路和公路货运场站、港口和机场等为主的综合货运枢纽，优化布局，提升功能。依托综合交通枢纽，加强铁路、公路、民航、水运与城市轨道交通、地面公共交通等多种交通方式的衔接，完善集疏运系统与配送系统，实现客运"零距离"换乘和货运无缝衔接。

加强中小城市和小城镇与交通干线、交通枢纽城市的连接，加快国省干线公路升级改造，提高中小城市和小城镇公路技术等级、通行能力和铁路覆盖率，改善交通条件，提升服务水平。

2. 交通强国建设纲要

到2020年，完成决胜全面建成小康社会交通建设任务和"十三五"现代综合交通运输体系发展规划各项任务，为交通强国建设奠定坚实基础。

从2021年到21世纪中叶，分两个阶段推进交通强国建设。

到2035年，基本建成交通强国。现代化综合交通体系基本形成，人民满意度明显提高，支撑国家现代化建设能力显著增强；拥有发达的快速网、完善的干线网、广泛的基础网，城乡区域交通协调发展达到新高度；基本形成"全国123出行交通圈"（都市区1小时通勤、城市群2小时通达、全国主要城市3小时覆盖）和"全球123快货物流圈"（国内1天送达、周边国家2天送达、全球主要城市3天送达），旅客联程运输便捷顺畅，货物多式联运高效经济；智能、平安、绿色、共享交通发展水平明显提高，城市交通拥堵基本缓解，无障碍出行服务体系基本完善；交通科技创新体系基本建成，交通关键装备先进安全，人才队伍精良，市场环境优良；基本实现交通治理体系和治理能力现代化；交通国际竞争力和影响力显著提升。

到21世纪中叶，全面建成人民满意、保障有力、世界前列的交通强国。基础设施规模质量、技术装备、科技创新能力、智能化与绿色化水平位居世界前列，交通安全水平、治理能力、文明程度、国际竞争力及影响力达到国际先进水平，全面服务和保障社会主义现代化强国建设，人民享有美好交通服务。

3. 湖南省综合交通网络建设

以综合运输通道和综合交通枢纽建设为重点，促进多种运输方式协同发展，全面提升各级城镇的通达性，支撑和引导全省新型城镇化格局加快形成。

充分发挥综合交通运输通道对城镇化格局的支撑和引导作用，着力构建并完善以铁路、高速公路为骨干，普通公路、水路、民航和管道共同发展，覆盖全省的"六纵六横"综合运输通道，加快形成沟通南北、连接东西、通江达海、便捷联系海内外的综合交通运输体系。到 2020 年，铁路网基本覆盖所有城区人口 20 万以上城市，快速铁路覆盖全部城区人口 50 万以上城市，所有县（市、区）在 30 分钟内上高速公路，80% 以上的县（市、区）能够在 1.5 小时左右的车程享受到航空服务。

建设以长株潭为核心，连通衡阳、娄底、岳阳、益阳、常德等城市的放射状城际轨道交通网。完善城际道路运输网络，推进长沙—益阳、常德，长沙—岳阳，株洲—衡阳，湘潭—娄底城际铁路建设，积极推进城际轨道设施建设。到 2017 年基本建成长株潭城际轨道系统，形成长株潭半小时交通圈。到 2020 年，基本形成以长沙为中心的覆盖全省其他所有市（州）的 4 小时公路交通圈，实现相邻市（州）间均有高速公路直接连通。

按照布局合理、功能完善、衔接顺畅的要求，以设施、信息、运营和管理"四个一体化"为重点，加快长株潭、岳阳等全国性综合交通枢纽及常德、衡阳、怀化等区域性交通枢纽建设。优化枢纽场站的集疏运网络规划设计，建立以公共交通为主导的客运枢纽衔接网络。加强轨道交通、快速公交等大容量快速交通方式与民航机场的衔接，保证枢纽场站与集疏运同步建设。支持长沙建设大型综合立体化客运枢纽。加快轨道交通站场城市综合体规划建设工程，以综合交通枢纽建设促进轨道交通国家铁路网、城际铁路网、市域（郊）铁路网，以及部分城市轨道交通网等实现"多网融合"。到 2020 年，基本形成人便其行、货畅其流的现代化综合交通枢纽新格局。

构建内畅外联的市域交通系统，建设以县城为中心的县乡交通圈，全面提高中小城市和小城镇交通通达水平。进一步提高普通国道省道公路网覆盖范围和技术等级，加快普通干线公路升级改造，到 2020 年实现县城与市（州）中心城市至少一条二级公路联通，基本实现重要景区通二级及以上公路。

4. 湖南省地下综合管廊建设计划

从 2016 年起，地级城市均启动地下综合管廊建设，有条件的县级市、县城建设地下综合管廊。到 2020 年底，全省力争建设地下综合管廊 500 公里，各城市均要建成一定规模可复制、可推广的高标准地下综合管廊示范项目并投入运营，逐步提高城市道路配建地下综合管廊的比例，反复开挖路面的"马路拉链"问题明显改善，主要街道架空线路逐步消除，管线安全水平和防灾抗灾能力明显提升，城市地面景观明显好转。国家、省地下综合管廊试点城市要加大地下综合管廊建设力度，逐步形成连片示范、覆盖成网的管廊体系。

三、就业岗位

以市政道路、桥梁、管道工程施工企业一线的项目施工员为主要就业岗位，以测量员、试验员、预算员等为就业岗位群（表 2）。

表2　市政工程技术专业就业岗位与典型工作任务

就业岗位	职业岗位典型工作任务分析		需要的职业能力
	工作任务	工作要求	
施工员 （核心岗位）	施工组织策划	◇ 参与施工组织管理策划 ◇ 参与制定管理制度	（1）能够参与编制施工组织设计和专项施工方案； （2）能够识读施工图和其他工程设计、施工等文件； （3）能够编写技术交底文件，并实施技术交底； （4）能够正确使用测量仪器，进行施工测量； （5）能够正确划分施工区段，合理确定施工顺序； （6）能够进行资源平衡计算，参与编制施工进度计划及资源需求计划，控制调整计划； （7）能够进行工程量计算及初步的工程计价； （8）能够确定施工质量控制点，参与编制质量控制文件、实施质量交底； （9）能够确定施工安全防范重点，参与编制职业健康安全与环境技术文件、实施安全和环境交底； （10）能够识别、分析、处理施工质量缺陷和危险源； （11）能够参与施工质量、职业健康安全与环境问题的调查分析； （12）能够记录施工情况，编制相关工程技术资料
	施工技术管理	◇ 参与图纸会审、技术核定 ◇ 负责施工作业班组的技术交底 ◇ 负责组织测量放线、参与技术复核	
	施工进度成本控制	◇ 参与制定并调整施工进度计划、施工资源需求计划，编制施工作业计划 ◇ 参与做好施工现场组织协调工作，合理调配生产资源；落实施工作业计划 ◇ 参与现场经济技术签证、成本控制及成本核算 ◇ 负责施工平面布置的动态管理	
	质量安全环境管理	◇ 参与质量、环境与职业健康安全的预控 ◇ 负责施工作业的质量、环境与职业健康安全过程控制，参与隐蔽、分项、分部和单位工程的质量验收 ◇ 参与质量、环境与职业健康安全问题的调查，提出整改措施并监督落实	
	施工信息资料管理	◇ 负责编写施工日志、施工记录等相关施工资料 ◇ 负责汇总、整理和移交施工资料	
测量员	测量准备	◇ 正确识读工程测量图纸 ◇ 熟练使用测量仪器，定期对仪器进行检验，能完成基本校正 ◇ 资料准备	（1）能根据工程需要，正确地识读工程测量图纸； （2）能根据工程放样方法的要求准备放样数据； （3）能熟练地使用常用测量仪器（水准仪、全站仪）； （4）能进行各类工程测量平面和高程控制网的选点、埋石和观测、记录； （5）能进行大比例尺地形图测绘； （6）能完成常规的坐标测量和坐标放样工作； （7）能完成各类工程施工测量原始观测数据的整理、检查与汇总
	测量项目实施	◇ 平面和高程控制测量 ◇ 大比例尺地形图测绘 ◇ 坐标测量和坐标放样 ◇ 工程施工测量	
	测量资料管理	◇ 测量数据处理 ◇ 负责汇总、整理、移交测量数据和测量仪器资料	
试验员	材料质量控制	◇ 试验检测计划的编制 ◇ 原材料的抽样检测 ◇ 混合料的配合比设计	（1）能参与完成试验检测计划的编写； （2）能够独立完成集料、钢筋、水泥、沥青等原材料质量检测工作； （3）参与水泥混凝土、沥青混合料和无机结合稳定材料配合比设计工作；
	工程质量检测	◇ 现场混合料的质量检测 ◇ 施工过程质量检测 ◇ 成品的质量检测	

就业岗位	职业岗位典型工作任务分析			需要的职业能力
	工作任务	工作要求		
试验员	实验资料管理	◇ 实验资料整理归档 ◇ 负责汇总、整理、移交试验检测资料		（4）能够完成工程各结构的现场质量检测
预算员	工程计量	◇ 识读图纸，核算图纸工程量 ◇ 根据清单计量规范正确提取清单工程量 ◇ 根据工程预算定额要求正确填写定额工程量		（1）能够熟悉掌握国家的法律法规有关工程造价的管理规定，掌握理论知识，熟悉工程图纸，掌握工程预算定额及有关政策规定； （2）能够根据图纸会审和技术交底进行预算调整； （3）能够协助上级做好工程项目的立项申报，组织投标、开工前的报批及竣工后的验收工作； （4）能够进行工程造价的经济分析，及时完成工程预算资料的归档
	工程计价	◇ 根据规范计取各项费用，不重不漏 ◇ 根据规范正确计算工程项目安装工程费 ◇ 工程项目的经济分析有理有据		
	工程造价文件编制	◇ 进行图纸会审，合理调整项目造价 ◇ 投标文件编制正确 ◇ 施工图预算文件编制齐全、正确		

四、技能及考核方式、标准

市政工程技术专业技能考核以真实的工程项目为载体，以工作过程为导向，对学生的专业技能进行全面考核。市政工程技术专业技能考核包括专业基础技能、岗位核心技能和跨专业技能三个模块（表3）。通过技能考核，测试学生识读市政工程施工图的技能；测试学生绘制市政工程施工图的技能；测试学生CAD软件的应用技能；测试学生工程材料试验的技能；测试学生利用测量仪器进行施工测量放线的技能；测试学生城市给水排水工程设计的基础能力；测试学生常见的市政道路路基路面现场检测和质量评定能力；测试学生绘制横道图进度计划的技能，分析市政工程施工工艺流程的能力；测试学生编制工程量清单与定额计量的技能，测试学生编制清单计价的技能；测试学生进行公路工程勘测设计的基本技能。同时也考核学生的基本职业素质如质量意识、安全意识、环境保护意识、效率、成本、纪律、工作态度、操作规范等。

表3　市政工程技术专业技能考核表

考核模块	考核项目	对应课程	考核标准内容
专业基本技能	项目一：市政工程识图与制图	工程制图与识图 工程CAD	考核学生在掌握工程制图基本知识、画法几何基本原理、市政道路工程、市政桥梁工程、市政管道工程等课程的基础上，能够识读市政施工相关结构物（包括路基结构、防护工程、路面工程、桥梁工程、管道工程等）的图纸并会运用国家道路工程制图现行规范、规程和相关标准进行工程实体图纸的绘制
	项目二：市政工程材料试验与检测	工程材料	考核学生对市政工程施工中常用材料的基本技术指标进行试验检测的技能，包括考核学生是否熟悉各常用材料对应的技术规范，是否能完整和规范地完成试验操作步骤，是否能正确记录与处理试验数据并对材料相关技术性进行评价

续表

考核模块	考核项目	对应课程	考核标准内容
专业基本技能	项目三：市政工程测量与放样	工程测量	考核学生是否能完成四等水准线路外业施测，并根据给定的已知高程点和水准线路数据，进行近似平差计算，对测量结果的精度进行分析及评定。考查学生是否完成一级闭合导线外业施测，并根据给定的已知坐标点和起算方位角数据，进行近似平差计算，对测量结果的精度进行分析及评定
岗位核心技能	项目四：城市给水排水工程设计	城市给水排水工程	考核学生是否具有市政给水排水管网初步设计的能力，包括设计参数计算基础工作；给水排水管道的初步规划和定线；给水排水管网系统运行工况分析等
	项目五：市政工程计量与计价	市政工程计量与计价	考核学生是否熟悉相关规范、定额，是否具备市政工程施工图预算的编制能力及相应表格的填写，是否熟练操作软件，是否能正确套用定额；是否能正确完成市政工程建安费的计算
	项目六：市政工程检测与评定	市政工程检测技术	考核学生是否熟悉相关规范，是否掌握常见的路基压实度、路面平整度、路面抗滑性能、路面回弹弯沉等路基路面现场项目检测和质量评定等基本技能；是否能规范正确填写检测记录表、报告、质量评定表等资料。考核学生按规范要求选择合适的仪器，正确操作及记录数据，并对路基路面工程各结构层施工质量进行评价
	项目七：市政工程施工组织	桥梁施工技术、隧道施工技术、市政道路工程、市政管道工程、施工组织	考核学生对道路、桥涵、隧道、管网等工程的施工组织能力，包括能否正确分析施工工艺顺序；能否正确绘制施工进度图；是否具备参与编制施工组织设计的能力
跨专业技能	项目八：公路工程勘测设计	公路勘测设计	考核学生在熟悉公路路线设计相关主要的工程技术标准、规范等国家标准的基础上，能够初步进行不同公路等级线路平、纵及横断面设计工作，并能够利用AutoCAD软件绘制及修改相关公路线路平面设计图

五、专业课程及实践环节（表4～表6）

表4　市政工程技术专业课程一览表

学期	主要课程	考核方式	考核时间
第一学期	思想道德修养与法律基础	考试	第20周
	形势与政策	考试	第20周
	大学生安全教育	考查	第20周
	大学生职业生涯规划	考查	第20周
	大学生心理健康教育	考查	第20周
	大学英语	考查	第20周
	体育与健康	考查	第20周
	计算机应用基础	考查	第20周
	大学人文基础	考查	第20周

学期	主要课程	考核方式	考核时间
第一学期	工程力学	考试	第20周
	工程制图与识图	考试	第20周
第二学期	思想道德修养与法律基础	考试	第20周
	形势与政策	考试	第20周
	大学生心理健康教育	考查	第20周
	大学英语	考查	第20周
	体育与健康	考查	第20周
	大学人文基础	考查	第20周
	工程测量	考试	第20周
	工程材料	考试	第20周
	工程岩土	考试	第20周
第三学期	毛泽东思想和中国特色社会主义理论体系概论	考试	第20周
	形势与政策	考试	第20周
	大学生创新创业教育	考查	第20周
	体育与健康	考查	第20周
	劳动专题教育	考查	第20周
	工程CAD	考试	第20周
	工程测量	考试	第20周
	城市给水排水工程	考试	第20周
	隧道施工技术	考试	第20周
第四学期	毛泽东思想和中国特色社会主义理论体系概论	考试	第20周
	形势与政策	考试	第20周
	大学生就业教育与职业指导	考查	第20周
	体育与健康	考查	第20周
	市政道路工程	考试	第20周
	市政管道工程	考试	第20周
	桥梁施工技术	考试	第20周
	市政工程检测技术	考试	第20周
第五学期	形势与政策	考试	第9周
	市政工程计量与计价	考试	第9周
	施工组织	考试	第9周

注：不包含专业选修课和实践性教学环节（实践性教学环节见表5）。

表 5　市政工程技术专业实践性教学环节安排表

课程类别		实训项目名称	对应理论课程名称	内容及教学要求	开设周数	学分	开设学期	备注
公共实践	1	军事技能训练	—	军姿、军纪及必备军事技术能力训练	3	2	1	
	2	大学生综合素质实践（劳动实践）	—	在校期间，须累计修满500素质实践分	分散	2	1～5	
		分类小计			3	4		
专业实践	单项课程实践	1	工程制图与识图实训	工程制图与识图	施工图绘制、识读训练	1	1	1	
		2	工程测量实训	工程测量	测量基本能力训练	1	1	2	
		3	工程CAD实训	工程CAD	计算机辅助绘图能力训练	1	1	3	
		4	隧道施工技术实训	隧道施工技术	某隧道分项工程施工方案编制	1	1	3	
		5	桥梁施工技术实训	桥梁施工技术	某桥梁分项工程施工方案编制	1	1	4	
		6	市政工程检测技术实训	市政工程检测技术	某市政工程质量检测与评定能力训练	1	1	4	
		分类小计			6	6		
	综合性实践	1	认识实习	—	参观施工工地，了解施工工艺、施工现场等情况	1	1	1	
		2	常见建筑材料质量检测	工程材料 工程岩土	完成常见建筑材料，如水泥、砂、石、填筑材料（土、结合料）、钢材等的性能与质量检测试验	2	2	2	
		3	中小型城镇给水排水管网的初步定线和设计	工程测量 城市给水排水工程	利用测量仪器及相关软件完成地形图的测量与出图，在导出的图纸上进行给水排水管网的初步定线工作和设计工作	2	2	3	
		4	道路及管道施工方案编制	市政道路工程 市政管道工程	编制某在建城镇道路路基、路面、管道施工方案	2	2	4	
		5	毕业设计	—	从分部/分项工程施工组织设计（施工方案）编制、施工图预算、工程检测方案编制及实施、工程测量方案编制及实施中进行选题完成毕业设计	9	9	5	
		6	顶岗实习	—	施工现场学习工程实际操作	24	24	5、6	
		分类小计			40	40		
合计					49	50		

表6 市政工程技术专业课证融通一览表

类别	名称	颁证单位	融通课程	
通用证书	高等学校英语应用能力考试证书	高等学校英语应用能力考试委员会	大学英语	
	普通话水平测试等级证书	湖南省语言工作委员会	演讲与口才、普通话	
"1＋X"职业技能等级证书	建筑信息模型（BIM）职业技能等级证书	廊坊市中科建筑产业化创新研究中心	专业基础技能课程	工程识图与制图、工程CAD等
			专业核心技能课程	桥梁施工技术、市政工程计量与计价等
			专业拓展技能课程	BIM技术基础
			实践性教学环节	毕业设计
职业资格证书	工程测量员	国家测绘地理信息职业技能鉴定指导中心	专业基础技能课程	工程测量
			专业核心技能课程	市政道路工程
			专业拓展技能课程	—
			实践性教学环节	中小型城镇给水排水管网初步定线和设计
	市政工程施工员	湖南省住房和城乡建设厅	专业基础技能课程	工程测量、工程材料、工程制图与识图、工程岩土、工程CAD等
			专业核心技能课程	隧道施工技术、桥梁施工技术、市政道路工程、市政管道工程、施工组织等
			专业拓展技能课程	工程招标与投标、工程经济、建设法规、工程项目管理与监理等
			实践性教学环节	毕业设计

六、毕业标准

1. 基本修业年限3年，学生可以根据自身学习需求，合理、弹性安排学习时间，最长不超过6年。

2. 按规定修完所有课程，成绩全部合格，学分达到毕业规定学分。

3. 毕业设计成果考核合格；参加半年的顶岗实习并考核合格。

4. 学生体质健康测试综合成绩合格，综合素质实践教育考核合格。

5. 鼓励学生在校期间获得职业资格证、职业技能等级证书以及普通话、英语三级等证书，但不与毕业证挂钩。

6. 本专业毕业生继续学习主要有两种途径：一是参加专升本；二是参加自学考试，其专业面向土木工程、交通土建工程、工程造价管理等。

城市轨道交通工程技术专业

一、专业现状

1. 专业简介

城市轨道交通工程技术专业是市政与交通土建技术专业群的特色专业，现有教师 19 人，其中校内专任教师 12 人，占 63.2%，学生数与本专业专任教师数比例为 21：1；企业兼职教师 7 人，占 36.7%。

本专业校内专任教师职称结构为：高级职称 4 人，占 33.3%；中级职称 7 人，占 58.3%；初级职称 1 人，占 8.3%。学历结构为：研究生 8 人，占 66.7%；本科 4 人，占 33.3%。双师素质教师结构为：工程师、注册结构师、注册建造师、检测工程师等"双师素质"教师 9 人，占 75%。

2. 专业荣誉（表1）

表 1 城市轨道交通工程技术专业历年荣誉一览表

序号	年度	项目名称
1	2015	湖南省职业院校土建类专业中青年教师技能竞赛工程测量赛项"四等水准测量"第一名、"建筑工程施工放样"第二名、团体二等奖
2	2015	2015年全国职业院校技能大赛高职组"科力达"杯测绘赛项"1：500数字测图"二等奖、"一级导线测量"三等奖、"二等水准测量"三等奖
3	2016	2016年全国职业院校技能大赛高职组"科力达"杯测绘赛项"1：500数字测图"二等奖
4	2017	湖南省职业院校土建类专业中青年教师技能竞赛《工程测量》项目竞赛三等奖，2017年湖南省职业院校技能竞赛高职测绘组项目三等奖，2017年湖南省职业院校信息化教学大赛中荣获高职信息化教学设计其他课程组项目三等奖
5	2018	2018年全国交通运输职业教育"升拓杯"学生无损检测技能大赛中获团体二等奖1项，单项一等奖1项、二等奖2项、三等奖1项；2018年湖南省职业院校技能竞赛高职组测绘项目团体三等奖
6	2019	2019年湖南省职业院校教师信息化教学大赛荣获三等奖；2019年"科力达杯"全国高职院校大学生测绘技能大赛荣获二等水准测量项目（总排名全国16）全国二等奖、1：500数字测图项目（总排名全国12）全国二等奖，并获团体总分全国二等奖；2019年湖南省职业院校技能竞赛高职组工程测量项目二等奖
7	2020	2020年湖南省职业院校技能竞赛高职组工程测量项目二等奖；2020年湖南省职业院校技能竞赛"高职工程施工放样"赛项一等奖；2020年湖南省教师教学能力赛项二等奖1项、三等奖1项

二、专业前景

1. 城市轨道交通工程发展现状及未来规划

2018 年 6 月 28 日，国务院办公厅印发《国务院办公厅关于进一步加强城市轨道交通规划建设管理的意见》（国办发〔2018〕52号），对新形势下我国城市轨道交通规划建设工作作出指导。要求申报建设地铁的城市一般公共财政预算收入应在300亿元以上，地区生产总值在3000亿元以上，市区常住人口在300万人以上。这对新增地铁城市获批，以及在建地铁城市的新一轮建设规划获批造成影响。根据中国轨道交通网统计，52号文后，共有16座地铁城市陆续获批新一轮建设规划。

2018年11月18日，中共中央、国务院发布的《中共中央 国务院关于建立更加有效的区域协调发展新机制的意见》明确指出，以京津冀城市群、长三角城市群、粤港澳大湾区、成渝城市群、长江中游城市群、中原城市群、关中平原城市群等城市群推动国家重大区域战略融合发展，建立以中心城市引领城市群发展、城市群带动区域发展新模式，推动区域板块之间融合互动发展。截至2019年12月底，国务院共先后批复了10个国家级城市群，分别是：长江中游城市群、哈长城市群、成渝城市群、长江三角洲城市群、中原城市群、北部湾城市群、关中平原城市群、呼包鄂榆城市群、兰西城市群、粤港澳大湾区城市群。待批国家级城市群依旧为京津冀城市群、辽中南城市群（省域内城市群）、山东半岛城市群（省域内城市群）、海峡西岸城市群。

据中国轨道交通网最新数据统计显示（来源于《2019中国高速铁路市场发展报告》，于2020年4月10日正式发布），中国14个国家级城市群铁路，含干线铁路、城际铁路及市域铁路（市域快线）运营总里程为22478.78公里，在建里程15125.19公里，2020—2021年有望开工里程高达11628.37公里。预计在未来五年，中国城市群铁路迎来爆发性增长。

2. 交通强国建设纲要

到2020年，完成决胜全面建成小康社会交通建设任务和"十三五"现代综合交通运输体系发展规划各项任务，为交通强国建设奠定坚实基础。

从2021年到21世纪中叶，分两个阶段推进交通强国建设。

到2035年，基本建成交通强国。现代化综合交通体系基本形成，人民满意度明显提高，支撑国家现代化建设能力显著增强；拥有发达的快速网、完善的干线网、广泛的基础网，城乡区域交通协调发展达到新高度；基本形成"全国123出行交通圈"（都市区1小时通勤、城市群2小时通达、全国主要城市3小时覆盖）和"全球123快货物流圈"（国内1天送达、周边国家2天送达、全球主要城市3天送达），旅客联程运输便捷顺畅，货物多式联运高效经济；智能、平安、绿色、共享交通发展水平明显提高，城市交通拥堵基本缓解，无障碍出行服务体系基本完善；交通科技创新体系基本建成，交通关键装备先进安全，人才队伍精良，市场环境优良；基本实现交通治理体系和治理能力现代化；交通国际竞争力和影响力显著提升。

到21世纪中叶，全面建成人民满意、保障有力、世界前列的交通强国。基础设施规模质量、技术装备、科技创新能力、智能化与绿色化水平位居世界前列，交通安全水平、治理能力、文明程度、国际竞争力及影响力达到国际先进水平，全面服务和保障社会主义现代化强国建设，人民享有美好交通服务。

3. 湖南省城市轨道交通建设规划

湖南省公布了2020年将新建扩建的9条铁路规划，包括长赣高铁、铜吉铁路等在内，其中长赣高铁为长沙到赣州高铁，长沙—浏阳—萍乡—赣州，这条铁路时速350公里，对张家界、常德、益阳等前往东部地区提供了第二条通道。2020 年开工，2025 年建成；铜吉铁路为贵州铜仁到湖南吉首，这条铁路是张吉怀高铁到贵州的连接线路，于 2020—2025 年期间建成。衡柳铁路改造：衡阳到柳州铁路进行改造，时速由 200 公里提升到 250 公里，提高了永州出行的效率。工期是 2020—2024 年。张吉怀铁路：2016 年开工，张家界—湘西—怀化，修建完成后，对这三个城市的交通有较大提升，尤其是湘西。2022 年完工。常益长高铁：2018 年开工，2023 年完工，建成后，对常德、益阳、长沙市民出行效率有很大帮助；渝怀铁路梅江至怀化段复线：主要是改造渝怀铁路的线路，提升运行效率，预计 2021 年建成。

三、就业岗位

以城市地铁、桥梁、隧道工程施工企业一线的项目施工员为主要就业岗位。以测量员、预算员等为就业岗位群（表 2）。

表 2 城市轨道交通工程技术专业就业岗位与典型工作任务

面向岗位	职业岗位典型工作任务分析		需要的职业能力
	工作任务	工作要求	
施工员 （核心岗位）	施工组织策划	◇ 参与施工组织管理策划 ◇ 参与制定管理制度	（1）能够参与编制施工组织设计和专项施工方案； （2）能够识读施工图和其他工程设计、施工等文件； （3）能够编写技术交底文件，并实施技术交底； （4）能够正确使用测量仪器，进行施工测量； （5）能够正确划分施工区段，合理确定施工顺序； （6）能够进行资源平衡计算，参与编制施工进度计划及资源需求计划，控制调整计划； （7）能够进行工程量计算及初步的工程计价； （8）能够确定施工质量控制点，参与编制质量控制文件、实施质量交底； （9）能够确定施工安全防范重点，参与编制职业健康安全与环境技术文件、实施安全和环境交底； （10）能够识别、分析、处理施工质量缺陷和危险源； （11）能够参与施工质量、职业健康安全与环境问题的调查分析； （12）能够记录施工情况，编制相关工程技术资料
	施工技术管理	◇ 参与图纸会审，技术核定 ◇ 负责施工作业班组的技术交底 ◇ 负责组织测量放线、参与技术复核	
	施工进度成本控制	◇ 参与制定并调整施工进度计划、施工资源需求计划，编制施工作业计划 ◇ 参与做好施工现场组织协调工作，合理调配生产资源；落实施工作业计划 ◇ 参与现场经济技术签证、成本控制及成本核算 ◇ 负责施工平面布置的动态管理	
	质量安全环境管理	◇ 参与质量、环境与职业健康安全的预控 ◇ 负责施工作业的质量、环境与职业健康安全过程控制，参与隐蔽、分项、分部和单位工程的质量验收 ◇ 参与质量、环境与职业健康安全问题的调查，提出整改措施并监督落实	
	施工资料管理	◇ 负责编写施工日志、施工记录等相关施工资料 ◇ 负责汇总、整理和移交施工资料	

面向岗位	职业岗位典型工作任务分析		需要的职业能力
	工作任务	工作要求	
测量员	测量准备	◇ 正确识读工程测量图纸 ◇ 熟练使用测量仪器，定期对仪器进行检验，能完成基本校正 ◇ 资料准备	（1）能根据工程需要，正确地识读工程测量图纸； （2）能根据施工放样方法的要求准备放样数据； （3）能熟练地使用常用测量仪器（水准仪、全站仪）； （4）能进行各类工程测量施工平面控制网的选点、埋石和观测、记录； （5）能进行各种工程测量施工高程控制网的选点、埋石和观测、记录； （6）能进行大比例尺地形图测绘； （7）能完成常规的坐标测量和坐标放样工作； （8）能进行各种线路工程中线的测设、纵横断面图的测绘； （9）能完成各类工程施工测量原始观测数据的整理、检查与汇总
	测量项目实施	◇ 平面和高程控制测量 ◇ 大比例尺地形图测绘 ◇ 坐标测量和坐标放样 ◇ 工程施工测量	
	测量资料管理	◇ 测量数据处理 ◇ 负责汇总、整理、移交测量数据和测量仪器资料	
预算员	工程计量	◇ 识读图纸，核算图纸工程量 ◇ 根据清单计量规范正确提取清单工程量 ◇ 根据工程预算定额要求正确填写定额工程量	（1）能够熟悉掌握国家的法律法规有关工程造价的管理规定，掌握理论知识，熟悉工程图纸，掌握工程预算定额及有关政策规定； （2）能够根据图纸会审和技术交底进行预算调整； （3）能够协助上级做好工程项目的立项申报，组织投标、开工前的报批及竣工后的验收工作； （4）能够进行工程造价的经济分析，及时完成工程预算资料的归档
	工程计价	◇ 根据规范计取各项费用，不重不漏 ◇ 根据规范正确计算工程项目安装工程费 ◇ 工程项目的经济分析有理有据	
	工程造价文件编制	◇ 进行图纸会审，合理调整项目造价 ◇ 投标文件编制正确 ◇ 施工图预算文件编制齐全，正确	

四、技能及考核方式、标准

城市轨道工程技术专业技能考核包括专业基本技能、岗位核心技能和跨专业技能三个模块（表3）。通过专业基本技能考核，测试学生识读轨道交通工程施工图的技能；测试学生绘制轨道交通工程施工图的技能；测试学生CAD软件的应用技能；测试学生工程材料试验的技能；测试学生利用测量仪器进行施工测量放线的技能。通过岗位核心技能考核，测试学生轨道选线与设计的能力；测试学生进行轨道交通工程量计量与计价的技能；测试学生绘制横道图进度计划的技能，分析轨道交通工程施工工艺流程的能力。通过跨专业技能，测试学生对专业群道路桥梁工程技术专业的公路工程检测与评定的能力。在测试学生以上技能的同时对其在实际操作过程中所表现出来的职业素养进行综合评价。

表3　城市轨道交通工程技术专业技能考核表

考核模块	考核项目	对应课程	考核标准内容
专业基本技能	项目一：轨道交通工程识图与制图	工程制图与识图工程CAD	本项目主要考核学生在掌握工程制图基本知识、画法几何基本原理，以及具备一定绘图技能的基础上，能够识读城市轨道交通工程施工图纸并会运用国家铁路工程制图规范、规程和相关技术标准进行工程实体图纸的绘制
	项目二：轨道交通工程材料试验	工程材料	本项目主要考核学生对城市轨道交通工程施工中常用材料的基本技术指标进行试验检测的技能，包括考核学生是否熟悉各常用材料对应的技术规范，是否能完整和规范的完成试验操作步骤，是否能正确记录与处理试验数据并对材料相关技术性进行评价
	项目三：轨道交通工程测量	工程测量	本项目主要考查学生是否能完成四等水准线路外业施测，并根据给定的已知高程点和水准线路数据，进行近似平差计算，对测量结果的精度进行分析及评定。考查学生是否能完成一级闭合导线外业施测，并根据给定的已知坐标点和起算方位角数据，进行近似平差计算，对测量结果的精度进行分析及评定
岗位核心技能	项目四：轨道交通线路设计	工程CAD轨道交通线路设计	本项目主要考核学生在熟悉轨道交通线路设计相关主要的工程技术标准、规范等国家标准的基础上，能够初步进行轨道交通线路平纵横设计工作，并能够利用AutoCAD软件绘制及修改相关轨道交通线路设计图
	项目五：轨道交通工程造价	轨道交通工程造价	本项目主要考核学生对轨道交通工程（路基及围护结构工程、高架桥工程、地下区间结构工程、地下结构工程等）的计量与计价能力，包括是否养成了良好的操作习惯；能否正确计算工程量；能否正确套用定额和建安费的计算；是否能够进行工程量清单表格和清单计价表格的编写等
	项目六：轨道交通工程施工组织	桥梁施工技术、隧道施工技术、路基施工技术、轨道施工技术、车站施工技术、施工组织	本项目主要考核学生基本的轨道交通工程施工与组织能力，能够正确分析施工工艺流程；能够按照规范要求有序进行施工组织；能够按照施工时间参数正确分析各个施工工序的逻辑关系能够按照规范要求正确绘制施工横道图进度计划
跨专业技能	项目七：公路工程检测与评定	公路工程检测技术	本项目主要检测学生是否熟悉相关规范，是否掌握常见的路基压实度，路基现场项目检测和质量评定等基本技能；是否能规范正确填写检测记录表、报告、质量评定表等资料。考核学生按规范要求选择合适的仪器，正确操作及记录数据，并对公路路基工程施工质量进行评价

五、专业课程及实践环节（表4～表6）

表4　城市轨道交通工程技术专业课程一览表

学期	主要课程	考核方式	考核时间
第一学期	思想道德修养与法律基础	考试	第20周
	形势与政策	考试	第20周
	大学生安全教育	考查	第20周
	大学生职业生涯规划	考查	第20周

学期	主要课程	考核方式	考核时间
第一学期	大学生心理健康教育	考查	第20周
	大学英语	考查	第20周
	体育与健康	考查	第20周
	计算机应用基础	考查	第20周
	大学人文基础	考查	第20周
	工程力学	考试	第20周
	工程制图与识图	考试	第20周
第二学期	思想道德修养与法律基础	考试	第20周
	形势与政策	考试	第20周
	大学生心理健康教育	考查	第20周
	大学英语	考查	第20周
	体育与健康	考查	第20周
	大学人文基础	考查	第20周
	工程测量	考试	第20周
	工程材料	考试	第20周
	工程岩土	考试	第20周
第三学期	毛泽东思想和中国特色社会主义理论体系概论	考试	第20周
	形势与政策	考试	第20周
	大学生创新创业教育	考查	第20周
	体育与健康	考查	第20周
	劳动专题教育	考查	第20周
	工程CAD	考试	第20周
	工程测量	考试	第20周
	轨道交通线路设计	考试	第20周
	隧道施工技术	考试	第20周
第四学期	毛泽东思想和中国特色社会主义理论体系概论	考试	第20周
	形势与政策	考试	第20周
	大学生就业教育与职业指导	考查	第20周
	体育与健康	考查	第20周
	路基施工技术	考试	第20周
	轨道施工技术	考试	第20周
	桥梁施工技术	考试	第20周
	车站施工技术	考试	第20周
第五学期	形势与政策	考试	第9周
	轨道交通工程造价	考试	第9周
	施工组织	考试	第9周

注：不包含专业选修课和实践性教学环节（实践性教学环节见表5）。

表5 城市轨道交通工程技术专业实践性教学环节安排表

课程类别		实训项目名称	对应理论课程名称	内容及教学要求	开设周数	学分	开设学期	备注
公共实践	1	军事技能训练	—	军姿、军纪及必备军事技术能力训练	3	2	1	
	2	大学生综合素质实践（劳动实践）	—	在校期间，须累计修满500素质实践分	分散	2	1~5	
		分类小计			3	4		
专业实践	单项课程实践	1 工程制图与识图实训	工程制图与识图	施工图绘制、识读训练	1	1	1	
		2 工程测量实训	工程测量	测量基本能力训练	1	1	2	
		3 工程CAD实训	工程CAD	计算机辅助绘图能力训练	1	1	3	
		4 隧道施工技术实训	隧道施工技术	某隧道分项工程施工方案编制	1	1	3	
		5 桥梁施工技术实训	桥梁施工技术	某桥梁分项工程施工方案编制	1	1	4	
		6 车站施工技术实训	车站施工技术	某地铁车站施工方案编制	1	1	4	
		分类小计			6	6		
	综合性实践	1 认识实习	—	参观施工工地，了解施工工艺、施工现场等情况	1	1	1	
		2 常见建筑材料质量检测	工程材料工程岩土	完成常见建筑材料，如水泥、砂、石、填筑材料（土、结合料）、钢材等的性能与质量检测试验	2	2		
		3 轨道交通线路勘测与设计	工程测量轨道交通线路设计	利用测量仪器及相关软件完成地形图的测量与出图，在导出的图纸上进行轨道交通线路选线工作，依据规范完成线路平面、纵断面以及横断面的设计工作	2	2	3	
		4 路基及轨道施工方案编制	路基施工技术轨道施工技术	编制某在建城市轨道交通路段路基及轨道施工方案	2	2	4	
		5 毕业设计	—	从分部/分项工程施工组织设计（施工方案）编制、施工图预算、工程测量方案编制及实施中进行选题，完成毕业设计	9	9	5	
		6 顶岗实习	—	施工现场学习工程实际操作	24	24	5、6	
		分类小计			40	40		
合计					49	50		

表6 城市轨道交通工程技术专业课证融通一览表

证书类别	证书名称	颁证单位	融通课程	
通用证书	高等学校英语应用能力考试证书	高等学校英语应用能力考试委员会	大学英语	
	普通话水平测试等级证书	湖南省语言工作委员会	演讲与口才、普通话	
"1＋X"职业技能等级证书	建筑信息模型（BIM）职业技能等级证书	廊坊市中科建筑产业化创新研究中心	专业基础技能课程	工程识图与制图、工程CAD等
			专业核心技能课程	轨道交通线路设计、隧道施工技术、桥梁施工技术、路基施工技术、轨道施工技术、车站施工技术、轨道交通工程造价等
			专业拓展技能课程	BIM技术基础
			实践性教学环节	毕业设计
职业资格证书	施工员	交通运输部职业资格中心	专业基础技能课程	工程测量、工程材料、工程制图与识图、工程岩土、工程CAD等
			专业核心技能课程	轨道交通线路设计、隧道施工技术、桥梁施工技术、路基施工技术、轨道施工技术、车站施工技术、轨道交通工程造价、施工组织等
			专业拓展技能课程	工程招标与投标、工程经济、建设法规、工程项目管理与监理等
			实践性教学环节	毕业设计
职业资格证书	工程测量员	国家测绘地理信息职业技能鉴定指导中心	专业基础技能课程	工程测量
			专业核心技能课程	轨道交通线路设计
			专业拓展技能课程	轨道交通施工监测
			实践性教学环节	轨道交通线路勘测与设计

六、毕业标准

1. 基本修业年限3年，学生可以根据自身学习需求，合理、弹性安排学习时间，最长不超过6年。

2. 按规定修完所有课程，成绩全部合格，学分达到毕业规定学分。

3. 毕业设计成果考核合格；参加半年的顶岗实习并考核合格。

4. 学生体质健康测试综合成绩合格，综合素质实践教育考核合格。

5. 鼓励学生在校期间获得职业资格证、职业技能等级证书以及普通话、英语三级等证书，但不与毕业证挂钩。

6. 本专业毕业生继续学习主要有两种途径：一是参加专升本；二是参加自学考试，其专业面向土木工程、交通土建工程、工程造价管理等。

建筑设备工程技术专业

一、专业现状

1. 专业简介

建筑设备工程技术专业培养面向给安装工程行业生产、建设、服务和管理领域的安装施工员、设计员助理（水暖电）、安装预算员等职业群，能够从事建筑设备工程施工、管理、设计、计量计价等相关工作的首选复合型技术技能人才。学生毕业后可从事安装工程的安装施工、设计，设备运行维护管理，安装工程预算，质量检查，建筑设备的销售等工作。相应职业资格证书有：安装施工员证、安装预算员证、建筑信息模型（BIM）职业技能等级证、建筑工程识图职业技能等级证等职业岗位资格证书。3～5年后，可以升迁的专业技术岗位有：二级机电建造师、水暖电设计师、安装造价工程师、BIM建模与运用师等。

2. 专业团队简介

通过校企互兼互聘，建筑设备工程技术专业现有22名专业专任教师，20名企业兼职。22名专任教师中现有省级专业带头人1人，在职称结构上，教授1人，副教授、高级工程师15人，工程师、讲师7人，高级职称比例达到68%；在学历结构上，硕士7人；在"双师"结构上，具有"双师型"教师22人，其中有国家注册工程师5人。形成了一支经验丰富、业务精湛、富有活力的"双师素质"和"双师结构"的专业教学团队，行业知名度高、影响力大。

3. 往届毕业生情况

本专业培养的往届毕业生主要分布在湖南、广东、上海、武汉等地，从事与本专业施工、设计、管理等相关工作，2018届和2019届毕业生数据见表1。

表1　往届毕业生调查数据 [1]

项目	2019届	2018届
毕业一年后的就业率	100%	94%
专业毕业一年后的月收入	4500元	4000元
毕业生工作与专业相关的人数	96%	90%

[1] 数据来源：麦可思数据有限公司"湖南城建职业技术学院应届毕业生社会需求与培养质量跟踪评价报告（2019）"。

4. 专业荣誉（表2）

表2　建筑设备工程技术专业历年荣誉一览表

序号	年度	项目名称
1	2011	院级特色专业
2	2012	中央财政支持重点专业建设

序号	年度	项目名称
3	2013	设备专业学生在全国职业院校楼宇智能化系统安装与调试技能大赛荣获团体二等奖
4	2014	第一届全国高职高专院校建筑设备类说专业大赛二等奖和说课大赛三等奖
5	2015	第二届全国高职高专院校建筑设备类说专业大赛一等奖和说课大赛三等奖；建筑设备专业学生在全省职业院校楼宇智能化系统安装与调试技能大赛荣获团体一等奖，全国赛团体三等奖
6	2016	第七届全国中、高等院校学生"斯维尔杯"建筑信息模型（BIM）应用技能大赛总决赛中荣获一等奖
7	2018	专业带头人邓雪峰教授荣获湖南省"黄炎培优秀教师"荣誉称号
8	2019	第二届全国装配式建筑职业技能竞赛获得团体三等奖

二、专业前景

1. 2019年度建筑行业发展统计公报

全年全社会建筑业增加值 70904.3 亿元，比上年增长 5.6%（图 1）。全国具有资质等级的总承包和专业承包建筑业企业利润 8381 亿元，比上年增长 5.1%，其中国有控股企业 2585 亿元，增长 14.5%。

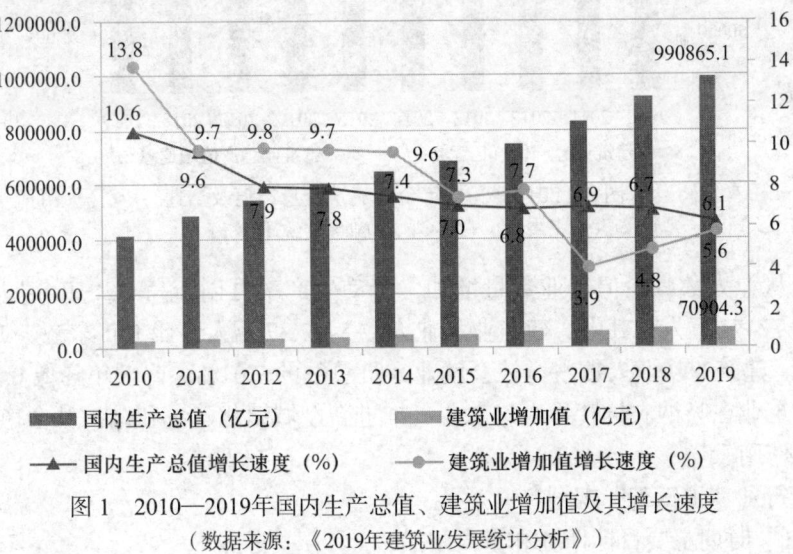

图 1　2010—2019年国内生产总值、建筑业增加值及其增长速度

（数据来源：《2019年建筑业发展统计分析》）

自 2010 年以来，建筑业增加值占国内生产总值的比例始终保持在 6.6% 以上。2019 年达到了 7.16% 的近十年最高点，在 2015、2016 年连续两年下降后连续三年出现回升（图 2），建筑业国民经济支柱产业的地位稳固。

近年来，随着我国建筑业企业生产和经营规模的不断扩大，建筑业总产值持续增长，2019 年达到 248445.77 亿元，比上年增长 5.68%。但建筑业总产值增速比上年降低了 4.20 个百分点，连续两年下降（图 3）。

图2 2010—2019年建筑业增加值占国内生产总值的比重

（数据来源：《2019年建筑业发展统计分析》）

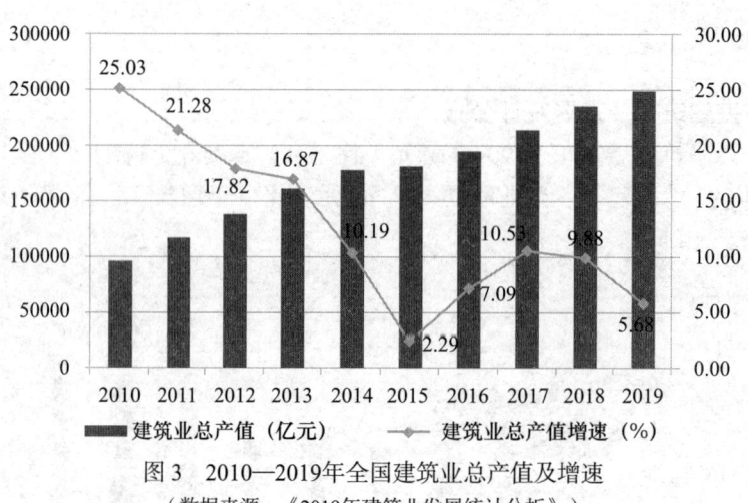

图3 2010—2019年全国建筑业总产值及增速

（数据来源：《2019年建筑业发展统计分析》）

建筑业从业人数减少但企业数量增加，劳动生产率再创新高。2019年底，全社会就业人员总数77471万人，其中，建筑业从业人数5427.37万人，比上年末减少135.93万人，减少2.44%。建筑业从业人数占全社会就业人员总数的7.01%，比上年降低0.16个百分点（图4）。建筑业在吸纳农村转移人口就业、推进新型城镇化建设和维护社会稳定等方面继续发挥显著作用。

2. 建筑行业"十三五"规划 ❶

"十三五"时期主要目标任务和重大举措：

（1）全面实施营改增，将试点范围扩大到建筑业、房地产业、金融业、生活服务业，并将所有企业新增不动产所含增值税纳入抵扣范围，确保所有行业税负只减不增。

（2）启动一批"十三五"规划重大项目。完成铁路投资8000亿元以上、公路投资1.65万亿元，再开工20项重大水利工程，建设水电核电、特高压输电、智能电网、油气管网、城市轨道交通等重大项目。中央预算内投资增加到5000亿元。

---

❶ 数据来源：《2019年建筑业发展统计分析》

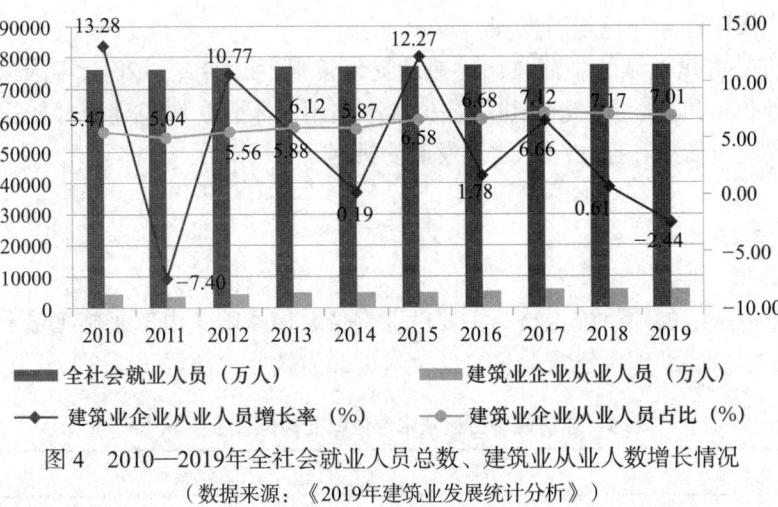

图4　2010—2019年全社会就业人员总数、建筑业从业人数增长情况
（数据来源：《2019年建筑业发展统计分析》）

（3）开工建设城市地下综合管廊2000公里以上。积极推广绿色建筑和建材，大力发展钢结构和装配式建筑，提高建筑工程标准和质量。打造智慧城市，改善人居环境，使人民群众生活得更安心、更省心、更舒心。

3. 湖南省2019年加快推进建筑业发展的建议 ❶

（1）立足服务，加强基层监测

深入一线，把握行业变动真实情况，选取具有代表性的重点企业作为调研对象。重点关注企业合同签订，产值完成情况等重点指标，进一步提高源头数据的准确性，切实做好监测工作。通过实地走访加深与企业的交流，确保服务到位。

（2）完善推动建筑业转型升级的配套政策

学习借鉴建筑业发展快、规模大的地方经验，结合湖南省建筑业发展的实际情况，进一步制定完善扶持建筑企业做大做强的配套政策。在相关政策制定时，应突出以下几个方面：一是加快调整优化建筑业产业结构，改变房建产值比重过高局面，扩大新型建筑经济领域产值份额，积极向市政、公路、铁路、港口等专业领域发展，形成多专业协调、均衡发展的产业格局。二是促进建筑企业转型发展，通过开展定向辅导，辅助企业适应国家建设投资方向转换，着力提升在低碳、绿色、新能源领域的施工能力，加快技术装备升级，大举进入大型基础设施和科技含量高的工程量领域，抢占高端建筑市场。三是扶持骨干企业做强做优，鼓励骨干企业发挥本地资源优势，采取兼并收购、换股参股等方式进行企业重组，实施行业关联互补优势的战略合作，扩大资产规模，提高资质等级，增强市场竞争力。四是结合国家"一带一路"倡议，引导企业"走出去"，支持建筑业企业通过企业投资、地区推介等方式开拓市场。

（3）提高建筑业企业自身竞争力

目前，建筑行业内之间的竞争更趋激烈，这就迫使企业必须改变粗放的发展模式，形成更高层次的生产能力和竞争能力，以适应现代化城市发展，逐步从垫资施工转向以投融资承揽建设任务，向生产经营和资本经营相结合过渡。不断地结合自身的比较优势进行更为准确定位，把主业干精，提高自身竞争力。

❶　数据来源：2019年湖南省政府报告。

（4）加快推进低碳绿色建筑发展

绿色建筑是房建领域的主流方向，概念提出较早，2009 年、2010 年国家启动了《绿色工业建筑评价标准》《绿色办公建筑评价标准》编制工作，绿色建筑开始提上日程。湖南省建筑商要适时转型，抓住绿色建筑发展的机遇。

三、就业岗位

以施工企业一线的项目施工员为主要就业岗位，以水暖（电气）施工员、预算员、质量员、安装工程设计助理、建筑信息模型技术员等为就业岗位群（表3）。

表 3　建筑设备工程技术专业就业岗位及主要职责

序号	就业岗位	主要岗位职责
1	施工员	合理安排劳动组合，做好各项施工记录，填写施工日志；向班组操作人员进行技术、安全交底；安排各专业的配套作业和各工种之间的立体交叉作业
2	预算员	准确合理地编制安装工程的预算及其标底；复核和审查施工单位预算人员所报送的预、结算资料；结合工程现场实际情况，及时核对与施工图有偏差的内容；参与设备采购及其方案的比较和市场的询价，为决策提供准确的依据
3	质量员	严格按照国家及地方相关施工规范，履行工程质量监督职责，负责质量监督和验证工作；协同施工员确保工程质量
4	安装工程设计助理	完成中小型建筑的水暖电施工图初步设计，为施工现场提供技术服务
5	建筑信息模型技术人员	负责项目中建筑、结构、暖通、给水排水、电气专业等BIM模型及相关族的搭建，协同各专业建模，并做好碰撞检查，完成模型优化设计、室内外渲染、虚拟漫游、建筑动画、虚拟施工周期、施工管理及后期运维

四、核心技能及考核方式、标准

依托《湖南省建筑工程水暖专业初中级专业技术资格考试大纲》《湖南省建筑企业基层专业技术管理人员（安装施工员水暖方向）岗位职业标准和考试大纲》，结合我院给建筑设备工程技术专业实际情况，核心技能见表4。

表 4　建筑设备工程技术专业初始岗位典型工作任务及能力分析表

面向岗位	职业岗位典型工作任务分析		需要的职业能力
	工作任务	工作要求	
安装施工员	施工组织策划	◇ 项目管理模式选择的正确性 ◇ 施工队伍选择和任务分配的合理性 ◇ 项目班子配置的有效性 ◇ 主要施工设备配置计划的前瞻性	（1）能够识读施工图纸，搜索、查阅、整理工程资料； （2）能够正确选用安装材料、安装工具进行安装工程的安装施工； （3）能够进参与编制施工进度计划及资源需求计划，优化施工方案，编制施工组织文件；

面向岗位	职业岗位典型工作任务分析		需要的职业能力
	工作任务	工作要求	
安装施工员	施工技术管理	◇ 图纸会审的正确性 ◇ 施工组织方案编制的合理性 ◇ 技术交底的全面性 ◇ 施工技术的先进性 ◇ 施工质量必须符合相应的施工规范	（4）能够分析解决施工图纸和施工现场的问题，完成现场质量检测，参与组织竣工验收，编制竣工验收资料； （5）运用BIM技术等现代化信息技术指导施工； （6）具备同其他专业现场协调沟通的能力
	进度、成本和质量控制	◇ 施工质量必须符合质量验收规范 ◇ 施工成本必须控制在合同总价范围内 ◇ 实际工期必须控制在合同工期内	
安装质量员	材料质量控制	◇ 材料质量达到规定的要求，适合工程使用 ◇ 做好材料检测记录	（1）能参与编制施工组织设计，能对工程建设的关键部位、质量薄弱环节提出预防和控制措施； （2）能对工程项目所需的材料、成品、构件进行质量检查和验收； （3）有一定的文字表达能力，能清楚准确地表达工程项目质量要求，能完成质量要求的施工操作及时纠偏，并提出相应报告； （4）能参与制订工程建设现场质量管理制度、质量检验制度，准确及时报告质量统计报告及事故报告； （5）能参与图纸会审，对图纸中影响建设工程质量的问题提出修改意见； （6）有一定的管理、组织协调能力，能组织施工现场质量检查，分析质量事故产生的原因，提出处理意见和改进措施； （7）有一定的计算机应用能力
	工序质量控制	◇ 工序质量达到规定的要求，符合工程工艺要求 ◇ 施工质量达到规定的要求	
	质量问题处置	◇ 施工缺陷能弥补 ◇ 施工质量问题得到有效的处理 ◇ 施工质量达到规定的要求	
安装设计助理	水暖电施工图设计	◇ 设备、材料的选择 ◇ 规范的查阅使用 ◇ 方案的确定 ◇ 施工图的绘制	（1）能够识读施工图纸，搜索、查阅、整理工程资料； （2）能够确定给水排水工程、电气工程、通风空调工程方案； （3）能够运用CAD天正软件绘制水暖电施工图，运用BIM软件完成机电建模； （4）能够分析解决施工图纸和施工现场的问题； （5）具有同其他专业现场协调沟通的能力
	施工现场技术服务	◇ 图纸会审 ◇ 及时解决现场出现的问题 ◇ 设计变更 ◇ 与其他专业配合	
安装预算员	计价文件编制	◇ 熟练掌握和理解施工图纸、定额内容 ◇ 及时、准确、合理地编制安装工程的预算及其标底	（1）具有建筑识图、建筑结构和房屋构造的基本知识； （2）了解施工工序、一般施工方法、工程质量标准和安全技术知识； （3）了解常用建筑材料、构配件、制品以及常用机械设备； （4）熟悉各项定额，了解人工费、材料预算价格和机械台班费的组成及取费标准的组成；

续表

面向岗位	职业岗位典型工作任务分析		需要的职业能力
	工作任务	工作要求	
安装预算员	成本控制	◇ 复核和审查施工单位预算人员所报送的预、结算资料 ◇ 结合工程现场实际情况，及时核对与施工图有偏差的内容 ◇ 参与设备采购及其方案的比较和市场的询价，为决策提供准确的依据	（5）熟悉工程量计算规则，掌握计算技巧； （6）能够进行资源平衡计算，参与编制施工进度计划及资源需求计划，控制调整计划； （7）了解建筑经济法规，熟悉工程合同的各项条文，能参与招标、投标和合同谈判； （8）有一定的电子计算机应用基础知识，能用电子计算机来编制施工预算
建筑信息模型技术员	BIM模型的搭建	◇ 负责项目中建筑、结构、暖通、给水排水、电气专业等BIM模型及相关族的搭建	（1）能够识读建筑、安装施工图纸，搜索、查阅、整理工程资料； （2）熟练使用AutoCAD、Revit Architecture、Revit Structure、Revit MEP等设计软件； （3）能够利用BIM软件进行BIM建模，完成设计与协调工作，并进行BIM施工应用； （4）能够利用BIM模型进行管线综合、施工图纸输出、报告编制等工作
	协同及碰撞检查	◇ 协同各专业建模，并做碰撞检查，完成模型优化设计等	
	BIM可视化设计	◇ 室内外渲染、虚拟漫游、建筑动画、虚拟施工周期	
	管理及后期运维	◇ 施工管理及后期运维	

五、专业课程及实践环节（表5～表7）

表5　建筑设备工程技术专业各学期专业课程一览表

学期	主要课程	考核方式	课程类别	课程性质	考核时间
第一学期	思想道德修养与法律基础	考试	公共基础课	必修课	第20周
	形势与政策	考试	公共基础课	必修课	第20周
	大学生安全教育	考查	公共基础课	必修课	第20周
	大学生职业生涯规划	考查	公共基础课	必修课	第20周
	大学生心理健康教育	考查	公共基础课	必修课	第20周
	大学英语	考试	公共基础课	必修课	第20周
	体育与健康	考查	公共基础课	必修课	第20周
	计算机应用基础	考查	公共基础课	必修课	第20周
	大学应用数学基础	考试	公共基础课	必修课	第20周
	社交礼仪	考查	公共素质课	选修课	第20周
	安装工程制图与识图	考试	专业基础课	必修课	第20周
	建筑CAD	考试	专业基础课	必修课	第20周
	电工技术	考试	专业基础课	必修课	第20周
	军事技能训练	考查	实践性教学环节	必修课	第20周

续表

学期	主要课程	考核方式	课程类别	课程性质	考核时间
第二学期	思想道德修养与法律基础	考试	公共基础课	必修课	第20周
	形势与政策	考试	公共基础课	必修课	第20周
	大学生心理健康教育	考查	公共基础课	必修课	第20周
	军事理论	考查	公共基础课	必修课	第20周
	大学英语	考试	公共基础课	必修课	第20周
	体育与健康	考查	公共基础课	必修课	第20周
	大学人文基础	考查	公共基础课	必修课	第20周
	建筑构造	考查	专业基础课	必修课	第20周
	BIM技术基础	考查	专业基础课	必修课	第20周
	工程测量	考查	专业基础课	必修课	第20周
	艺术类选修课	考查	公共素质课	选修课	第20周
	认识实习	考查	实践性教学环节	必修课	第20周
	工种实训（钳工、焊工、管工）	考查	实践性教学环节	必修课	第20周
第三学期	毛泽东思想和中国特色社会主义理论体系概论	考试	公共基础课	必修课	第20周
	形势与政策	考试	公共基础课	必修课	第20周
	大学生创新创业教育	考查	公共基础课	必修课	第20周
	体育与健康	考查	公共基础课	必修课	第20周
	劳动专题教育	考查	公共基础课	必修课	第20周
	流体力学与热工基础	考试	专业基础课	必修课	第20周
	工程力学	考试	专业基础课	必修课	第20周
	电子技术	考试	专业基础课	选修课	第20周
	建筑供配电与照明技术	考试	专业核心课	选修课	第20周
	建筑智能化工程	考试	专业核心课	选修课	第20周
	建筑电气控制技术	考试	专业拓展课	选修课	第20周
	思政系列选修课	考查	公共素质课	选修课	第20周
	应用文写作	考查	公共素质课	选修课	第20周
	普通话	考查	公共素质课	选修课	第20周
第四学期	毛泽东思想和中国特色社会主义理论体系概论	考试	公共基础课	必修课	第20周
	形势与政策	考试	公共基础课	必修课	第20周
	大学生就业教育与职业指导	考查	公共基础课	必修课	第20周
	体育与健康	考查	公共基础课	必修课	第20周
	建筑电气施工技术	考试	专业核心课	必修课	第20周
	建筑给水排水工程	考试	专业核心课	必修课	第20周
	安装工程施工组织与管理★	考试	专业核心课	必修课	第20周

续表

学期	主要课程	考核方式	课程类别	课程性质	考核时间
第四学期	机电BIM	考查	专业拓展课	选修课	第20周
	建筑工程监理	考查	专业拓展课	选修课	第20周
	建筑设备监控系统工程技术	考查	专业拓展课	选修课	第20周
	设备起重与搬运	考查	专业拓展课	选修课	第20周
	水泵与水泵站	考查	专业拓展课	选修课	第20周
	绿色建筑	考查	专业拓展课	选修课	第20周
	演讲与口才	考查	公共素质课	选修课	第20周
	ISO9000质量管理体系	考查	公共素质课	选修课	第20周
	GB/T 50430施工企业质量管理规范	考查	公共素质课	选修课	第20周
第五学期	形势与政策	考试	公共基础课	必修课	第20周
	安装工程计量与计价	考试	专业核心课	必修课	第20周
	通风与空调工程	考试	专业核心课	必修课	第20周
	供热通风与给排水工程施工	考查	专业核心课	必修课	第20周
	供热工程	考查	专业拓展课	选修课	第20周
	建筑工程法规	考查	专业拓展课	选修课	第20周
	建筑工程经济	考查	专业拓展课	选修课	第20周
	制冷技术与应用	考查	专业拓展课	选修课	第20周
	钢结构及焊接工艺	考查	专业拓展课	选修课	第20周
	毕业设计	考查	实践性教学环节	必修课	第20周
第六学期	顶岗实习及毕业教育	考查	实践性教学环节	必修课	第20周

表6　建筑工程技术专业实践性教学环节安排表

课程类别			实训项目名称	对应理论课程名称	内容及教学要求	开设周数	学分	开设学期	备注
公共实践		1	军事技能训练		军姿、军纪及必备军事技术能力训练	3	2	1	
		2	大学生综合素质实践（劳动实践）		在校期间，须累计修满500素质实践分	分散	2	1~5	
专业实践	单项课程实践	1	建筑电气控制技术实训	建筑电气控制技术	典型控制系统安装与调试	1	1	3	
		2	建筑供配电与照明实训	建筑供配电与照明技术	某工程供配电与照明系统设计与安装	1	1	3	
		3	建筑智能化工程实训	建筑智能化工程技术	某工程建筑弱电系统、建筑设备监控系统、综合布线系统设计与安装	1	1	3	
		4	建筑电气施工实训	建筑电气施工技术	建筑电气施工实训	1	1	4	

课程类别			实训项目名称	对应理论课程名称	内容及教学要求	开设周数	学分	开设学期	备注
专业实践	单项课程实践	5	安装工程施工组织实训	安装工程施工与组织管理	某安装工程施工组织	1	1	4	
		6	建筑给水排水工程实训	建筑给水排水工程	高层建筑给水排水	1	1	4	
		7	通风与空调工程实训	通风与空调工程	多层建筑中央空调	1	1	5	
		8	安装工程计量与计价实训	安装工程计量与计价	某工程水暖电施工图预算	1	1	5	
	综合性实践	1	认识实习		参观施工现场	1	1	2	
		2	工种实训	焊工、钳工、管工实训	基本操作实训	2	2	2	
		3	毕业设计		某给水排水工程设计、施工管理、预算任务	7	7	5	
		4	顶岗实习		到施工现场和主要工作岗位跟班作业	24	24	5、6	
合计						45	46		

表 7　学生考证安排表

序号	课程名称	证书名称	考试时间
1	大学英语	高等学校英语应用能力 A 级考试	2020 年 12 月
2	建筑构造、BIM 技术基础、机电 BIM	"1＋X"建筑信息模型 BIM 职业技能等级证书考试	2020 年 12 月
3	各专业相关课程	八大员	学院统一安排
4	专业基础课程	"1＋X"建筑工程识图职业技能等级证书考试	2020 年 12 月

六、毕业标准

1. 基本修业年限 3 年，学生可以根据自身学习需求，合理、弹性安排学习时间，最长不超过 6 年。

2. 按规定修完所有课程，成绩全部合格，学分达到毕业规定学分。

3. 毕业设计成果考核合格；参加半年的顶岗实习并考核合格。

4. 学生体质健康测试综合成绩合格，综合素质实践教育考核合格。

5. 鼓励学生在校期间获得职业资格证、职业技能等级证书以及普通话、英语三级等证书，但不与毕业证挂钩。

6. 本专业毕业生继续学习主要有两种途径：一是参加专升本；二是参加自学考试，其专业面向建筑环境与设备专业等。

给水排水工程技术专业

一、专业现状

1. 专业简介

给水排水工程技术专业培养面向给水排水行业生产、建设、服务和管理领域的安装施工员（给水排水）、设计员助理（给水排水）、安装预算员（给水排水）等职业群，能够从事给水排水工程施工、管理、设计、计量计价等相关工作的首选复合型技术技能人才。学生毕业后可从事建筑给水排水、市政给水排水工程的安装施工，建筑给水排水、市政给水排水工程的设计，设备运行维护管理，安装工程预算，质量检查，给水排水设备的销售等工作。相应职业资格证书有：安装施工员证（给水排水）、安装预算员证（给水排水）、建筑信息模型（BIM）职业技能等级证、建筑工程识图职业技能等级证等职业岗位资格证书。3～5年后，可以升迁的专业技术岗位有：二级机电（或市政）建造师（给水排水）、设计师（给水排水）、造价工程师（给水排水）、BIM建模与运用师（给水排水）等。

2. 专业团队简介

本专业团队成员共18人，是一支具有双师特色、梯队合理的"双师教师＋能工巧匠"教学团队。通过校企互兼互聘，本专业现有校内专任教师12人，占66.7%；校外企业兼职教师6人，占33.3%。本专业校内专任教师职称结构为：副高及以上职称6人，占50%；中级职称4人，占33%；初级职称2人，占17%。学历结构为：硕士及以上7人，占58%；本科5人，占42%。在"双师"结构上，具有"双师型"教师10人，占83.3%，其中有国家注册工程师3人。

3. 往届毕业生情况

本专业培养的往届毕业生主要分布在湖南、广东、上海、武汉等地，从事与本专业施工、设计、管理等相关工作，2018届和2019届毕业生数据见表1。

表1　往届毕业生调查数据❶

项目	2019届	2018届
毕业一年后的就业率	100%	96%
专业毕业一年后的月收入	4256元	3355元
毕业生工作与专业相关的人数	72%	82%

❶ 数据来源：麦可思数据有限公司"湖南城建职业技术学院应届毕业生社会需求与培养质量跟踪评价报告（2019）"。

4. 专业荣誉

本专业开办于2003年，积累了大量"重基础知识、重基本技能、重实践能力"的教学经验，近年荣誉见表2。

表 2　给水排水工程技术专业近年荣誉一览表

序号	年度	项目名称
1	2011	参与"土建类高职教育给水排水工程技术专业人才培养模式研究课题"
2	2012	主持《湖南省建筑工程水暖专业初中级专业技术资格考试大纲》《湖南省建筑企业基层专业技术管理人员（安装施工员水暖方向）岗位职业标准和考试大纲》
3	2015	主持校级给水排水技能抽查标准
4	2018	主持《湖南省建筑企业基层专业技术管理人员（安装施工员）考试题库》

二、专业前景

为满足我国城市自来水用户不断增长的用水需求，近十年来我国城市供水综合生产能力稳步增长。根据国家统计局数据，截至 2018 年底，城市供水综合生产能力达到 3.12亿立方米／日，其中生活用水 328.8 亿立方米，用水人口 5.03 亿人，人均日生活用水量179.7 升，用水普及率 98.36%（表 3）。

表 3　2010—2019 年城市供水情况 ❶

年份	供水综合生产能力（亿立方米／日）	供水管道长度（万公里）	供水总量（亿吨）	用水人口（亿人）	用水普及率（%）
2010年	2.76	54	507.9	3.82	96.68%
2011年	2.67	57.4	513.4	3.97	97.04%
2012年	2.72	59.2	523	4.1	97.16%
2013年	2.81	64.6	537.3	4.23	97.56%
2014年	2.87	67.7	546.7	4.35	97.64%
2015年	2.97	71	560.5	4.51	98.07%
2016年	3.03	75.7	580.7	4.7	98.42%
2017年	3.05	79.7	593.8	4.83	98.30%
2018年	3.12	86.7	614.6	5.03	98.36%

❶ 资料来源：国家统计局，前瞻产业研究院整理。

从 2019 年我国水资源消费结构来看，农业用水总量、工业用水总量、生活用水总量和生态用水总量分别为 3674.6 亿立方米、1234.8 亿立方米、876.2 亿立方米和 201.9 亿立方米（表 4）。

表 4　2008—2019 年全国用水总量趋势（单位：亿立方米）❶

年份	用水总量	农业用水	工业用水	生活用水	生态用水
2009年	5965.2	3723.1	1390.9	748.2	103.0
2010年	6022.0	3689.1	1447.3	765.8	119.8
2011年	6107.2	3743.6	1461.8	789.9	111.9
2012年	6131.2	3902.5	1380.7	739.7	108.3

年份	用水总量	农业用水	工业用水	生活用水	生态用水
2013年	6183.4	3921.5	1406.4	750.1	105.4
2014年	6094.9	3869.0	1356.1	766.6	103.2
2015年	6103.2	3852.2	1334.8	793.5	122.7
2016年	6040.2	3768.0	1308.0	821.6	142.6
2017年	6043.4	3766.4	1277.0	838.1	161.9
2018年	6015.5	3693.1	1261.3	859.9	200.9
2019年	5991.0	3674.6	1234.8	876.2	201.9

❶ 资料来源：国家统计局，前瞻产业研究院整理。

　　根据国家统计局数据显示，2012—2018 年，我国水生产和供应业规模以上工业企业的主营业务收入和利润总额逐年稳步增长，复合增长率分别为 12.52% 和 25.44%。2018 年我国规模以上供水企业的数量达 1934 家，主营业务收入达到 2600 亿元，主营业务成本超过 1900 亿元，利润总额在 280 亿元左右（图 1）。

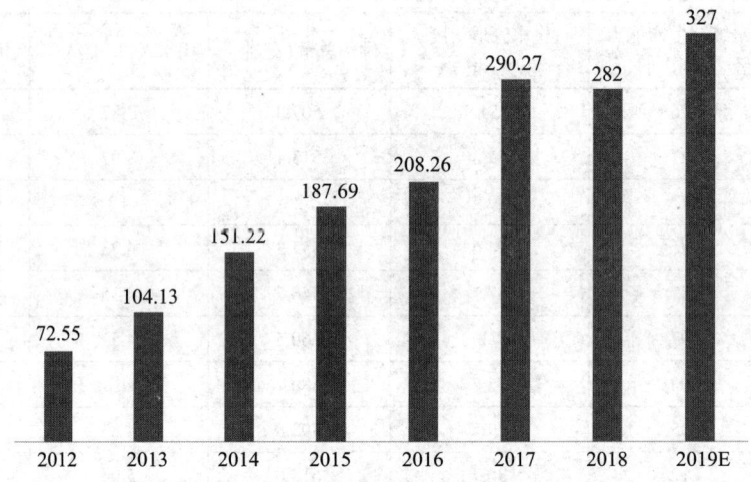

图 1　2012—2019年全国水生产和供应业利润总额（单位：亿元）
（资料来源：国家统计局，前瞻产业研究院整理）

　　中国面临严重的水污染问题，污水治理也一直是水环境治理最重要的组成部分。从污水处理基础设施建设情况来看，一方面，污水处理厂数量逐年递增。2018 年，全国污水处理厂增加至 4332 座，同比增长了 14.6%，增速明显提高（图 2）。另一方面，近年来，城市排水管道长度加速增长。2018 年，全国城市排水管道增加至 68.3 万公里，同比增速为 8.4%（图 3）。

　　随着大规模经济建设的兴起，中国城镇化脚步不断加快，带动建筑业市场不断发展。而建筑安装作为建筑业中的细分行业，也得以迅速成长壮大，成为我国各行业中一支不可缺少的技术大军。2013—2019 年，我国建筑安装行业总产值随着建筑业的增长也逐年增长，2018 年达到 11952.87 亿元（图 4），同比增长 3.0%，占建筑业总产值的比重为 5.08%；2019 年我总产值约为 1.27 万亿元。

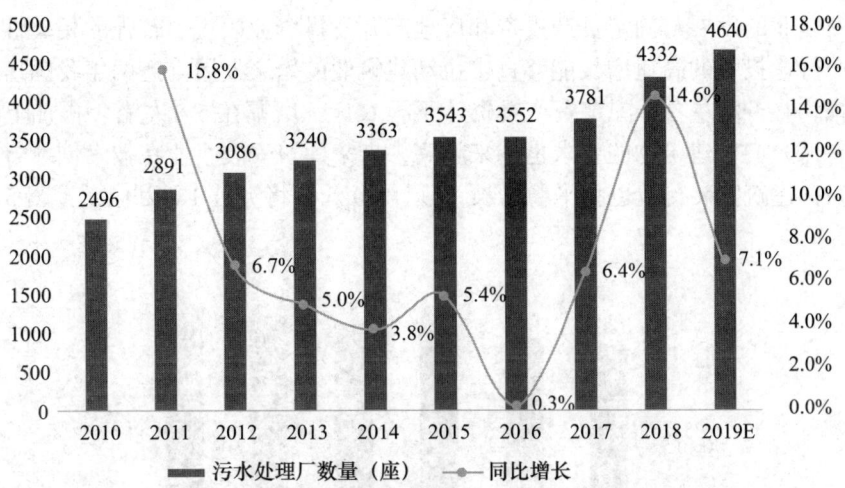

图 2　2009—2019年我国污水处理厂数量及趋势
（资料来源：住房和城乡建设部，前瞻产业研究院整理）

图 3　2009—2019年我国城市排水管道长度及趋势
（资料来源：住房和城乡建设部，前瞻产业研究院整理）

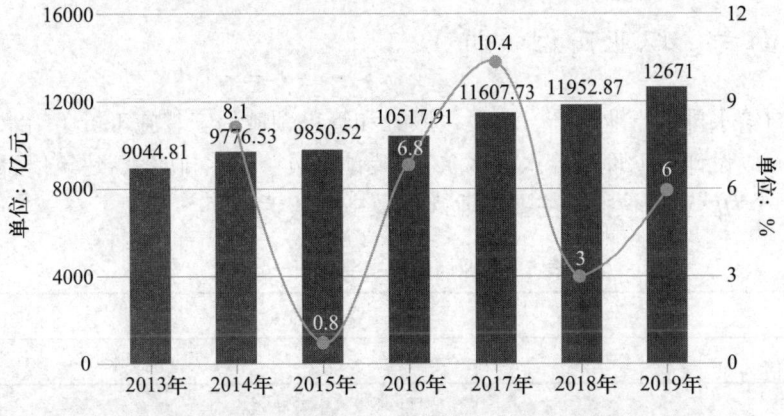

图 4　2013—2019年中国建筑安装行业总产值统计及增长情况
（资料来源：国家统计局，前瞻产业研究院整理）

建筑安装业的发展与固定资产投资和房地产开发投资业表现出较强的相关性。固定资产和房地产行业投资的高速增长能够直接拉动建筑业的繁荣发展。近两年我国房地产开发投资额增幅均在9%左右，固定资产投资（不含农户）增幅在5%左右。再加上社会经济水平的发展，人们对建筑物的要求也越来越高，未来建筑安装企业在技术创新方面仍有很大发展空间，建筑安装行业也将平稳增长，预计2025年将突破1.6万亿元（图5）。

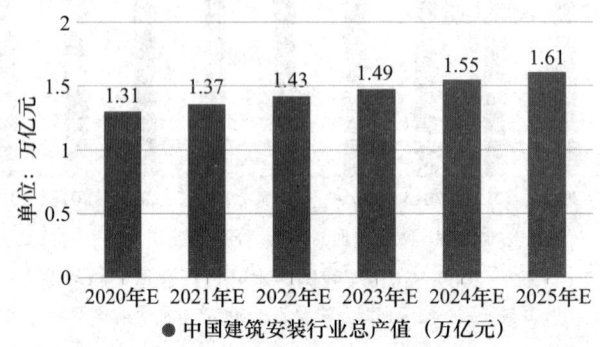

图5　2020—2025年中国建筑安装行业总产值预测情况
（资料来源：前瞻产业研究院整理）

近年来在人民生活水平不断提高的同时，对建筑的标准、质量、功能以及基础设施也提出了更高的要求，建筑业及城市基础设施建设的快速发展，高层建筑及多功能公共建筑层出不穷，建筑标准不断提高，使得人们对建筑环境质量也有了更高的期望和要求，新设备、新工艺、新技术、新材料不断涌现，随着建筑物内部的给水、排水、中水、热水、消防等系统设施不断完善，对这些设施的运行维护也提出了更高的要求。

从已有的数据分析：从安装角度来看，目前大多数建设企业中给水排水专业的人才较少，企业员工的专业素质不能适应行业的发展，技术力量较为薄弱；目前给水排水工程在建筑工程基本建设投资中的比重增长很快，一般工程占工程总投资的比例为10%～15%，对于大型建筑、高层建筑中的给水排水工程占工程总投资比例达到了20%～30%。因此给水排水工程急需大量具有专业知识的高素质技术技能专门人才。

三、就业面向、职业岗位（群）

培养面向给水排水行业生产、建设、服务和管理领域的安装施工员（给水排水）为主要就业岗位。以设计员助理（给水排水）、安装预算员（给水排水）、建筑信息模型技术员（给水排水）等为就业岗位群。主要就业岗位及主要职责见表5。

表5　就业岗位及主要职责一览表

就业岗位	主要工作职责	
	主要工作任务	主要工作要求
安装施工员（给水排水）	给水排水工程施工组织策划	◇ 项目管理模式选择的正确性 ◇ 施工队伍选择和任务分配的合理性 ◇ 项目班子配置的有效性 ◇ 主要施工设备配置计划的前瞻性

就业岗位	主要工作职责	
	主要工作任务	主要工作要求
安装施工员（给水排水）	给水排水工程施工技术管理	◇ 图纸会审的正确性 ◇ 施工组织方案编制的合理性 ◇ 技术交底的全面性 ◇ 施工技术的先进性 ◇ 施工质量必须符合相应的施工规范
	给水排水工程进度、成本和质量控制	◇ 施工质量必须符合质量验收规范 ◇ 施工成本必须控制在合同总价范围内 ◇ 实际工期必须控制在合同工期内
设计员助理（给水排水）	给水排水工程施工图设计	◇ 设备、材料的选择 ◇ 规范的查阅使用 ◇ 方案的确定 ◇ 施工图的绘制
	给水排水工程施工现场技术服务	◇ 图纸会审 ◇ 及时解决现场出现的问题 ◇ 设计变更 ◇ 与其他专业配合
安装预算员（给水排水）	给水排水工程计价文件编制	◇ 熟练掌握和理解施工图纸、定额内容 ◇ 及时、准确、合理地编制安装工程的预算及其标底
	给水排水工程成本控制	◇ 复核和审查施工单位预算人员所报送的预、结算资料 ◇ 结合工程现场实际情况，及时核对与施工图有偏差的内容 ◇ 参与设备采购及其方案的比较和市场的询价，为决策提供准确的依据
建筑信息模型技术员（给水排水）	给水排水工程BIM建模	◇ 正确理解设计意图及其建模任务要求 ◇ 完成给水排水工程项目所需的族的建立 ◇ 完成给水排水工程BIM建模
	给水排水工程BIM技术应用	◇ 根据模型，独立出具二维施工图 ◇ 完成动画漫游，进行效果图及动画制作 ◇ 完成BIM机电模型碰撞分析，完成室内净高分析、施工材料净用量提取、施工过程模型等，指导施工

四、核心技能

依托《湖南省建筑工程水暖专业初中级专业技术资格考试大纲》《湖南省建筑企业基层专业技术管理人员（安装施工员水暖方向）岗位职业标准和考试大纲》，结合我院给水排水工程技术专业实际情况，核心技能见表6。

表6 给水排水工程技术专业核心技能

核心技能	考核点	具体的内容
给水排水工程安装施工能力	1. 给水排水工程图的识读 2. 给水排水工程安装工艺与安装步骤 3. 给水排水工程质量检查能力	识读给水排水施工图，产品安装使用说明书。设备的操作使用。一般设备安装调试步骤和安装工艺。给水排水系统质量检查，常见的故障诊断、排除、维护的能力

续表

核心技能	考核点	具体的内容
给水排水施工组织与管理能力	1. 给水排水施工组织能力 2. 给水排水施工方案编制能力 3. 给水排水技术资料文档整理	处理给水排水施工中发生的一般技术问题，完成一般单位工程组织设计或施工方案的编制工作。参加图纸会审。了解技术、质量、安全措施交底工作。能整理工程技术档案，保证汇集的技术文件资料的完整正确
给水排水工程计量与计价能力	1. 给水排水工程图的识读 2. 给水排水工程量计算 3. 给水排水定额计价与清单计价	识读给水排水施工图，产品安装使用说明书。编制一般单位工程给水排水、消防系统施工图概预算和施工预算，计算给水排水安装工程造价
给水排水系统初步设计能力	1. 建筑给水排水系统、水处理系统、给水排水管道方案的设计 2. 建筑给水排水系统平面图、系统图设计 3. 水处理系统平面图、高程设计 4. 给水排水管道平面图、剖面图设计 5. 资料的查阅 6. 独立工作能力与创新	建筑给水排水系统设计说明书的编写，设计方案的确定，水量、扬程的计算，系统图、平面图的绘制，设备的选型，资料规范的查阅。水处理系统设计说明书的编写，设计方案的确定，构筑物的计算，设备选型，平面图、高程图的绘制，设备的选型，资料规范的查阅。给水排水管道设计说明书的编写，设计方案的确定，负荷的计算，平面图、剖面图的绘制，设备的选型，资料规范的查阅

五、专业课程及实践环节（表7～表9）

表7　给水排水工程技术专业各学期专业课程一览表

学期	主要课程	考核方式	课程类别	课程性质	考核时间
第一学期	思想道德修养与法律基础	考试	公共基础课	必修课	第20周
	形势与政策	考试	公共基础课	必修课	第20周
	大学生安全教育	考查	公共基础课	必修课	第20周
	大学生职业生涯规划	考查	公共基础课	必修课	第20周
	大学生心理健康教育	考查	公共基础课	必修课	第20周
	大学英语	考试	公共基础课	必修课	第20周
	体育与健康	考查	公共基础课	必修课	第20周
	计算机应用基础	考查	公共基础课	必修课	第20周
	大学应用数学基础	考试	公共基础课	必修课	第20周
	社交礼仪	考查	公共素质课	选修课	第20周
	安装工程制图与识图	考试	专业基础课	必修课	第20周
	建筑CAD	考试	专业基础课	必修课	第20周
	电工技术	考试	专业基础课	必修课	第20周
	军事技能训练	考查	实践性教学环节	必修课	第20周

续表

学期	主要课程	考核方式	课程类别	课程性质	考核时间
第二学期	思想道德修养与法律基础	考试	公共基础课	必修课	第20周
	形势与政策	考试	公共基础课	必修课	第20周
	大学生心理健康教育	考查	公共基础课	必修课	第20周
	军事理论	考查	公共基础课	必修课	第20周
	大学英语	考试	公共基础课	必修课	第20周
	体育与健康	考查	公共基础课	必修课	第20周
	大学人文基础	考查	公共基础课	必修课	第20周
	建筑构造	考查	专业基础课	必修课	第20周
	BIM技术基础	考查	专业基础课	必修课	第20周
	工程测量	考查	专业基础课	必修课	第20周
	艺术类选修课	考查	公共素质课	选修课	第20周
	认识实习	考查	实践性教学环节	必修课	第20周
	工种实训（钳工、焊工、管工）	考查	实践性教学环节	必修课	第20周
第三学期	毛泽东思想和中国特色社会主义理论体系概论	考试	公共基础课	必修课	第20周
	形势与政策	考试	公共基础课	必修课	第20周
	大学生创新创业教育	考查	公共基础课	必修课	第20周
	体育与健康	考查	公共基础课	必修课	第20周
	劳动专题教育	考查	公共基础课	必修课	第20周
	流体力学与热工基础	考试	专业基础课	必修课	第20周
	建筑给水排水工程	考试	专业核心课	必修课	第20周
	水源与取水工程	考查	专业拓展课	选修课	第20周
	水质检测技术与应用	考查	专业拓展课	选修课	第20周
	水泵与水泵站	考查	专业拓展课	选修课	第20周
	建筑电气控制技术	考查	专业拓展课	选修课	第20周
	思政系列选修课	考查	公共素质课	选修课	第20周
	应用文写作	考查	公共素质课	选修课	第20周
	普通话	考查	公共素质课	选修课	第20周

续表

学期	主要课程	考核方式	课程类别	课程性质	考核时间
第四学期	毛泽东思想和中国特色社会主义理论体系概论	考试	公共基础课	必修课	第20周
	形势与政策	考试	公共基础课	必修课	第20周
	大学生就业教育与职业指导	考查	公共基础课	必修课	第20周
	体育与健康	考查	公共基础课	必修课	第20周
	水处理工程技术	考试	专业核心课	必修课	第20周
	安装工程施工与组织管理	考试	专业核心课	必修课	第20周
	供热通风与给水排水工程施工技术	考试	专业核心课	必修课	第20周
	机电BIM	考查	专业拓展课	选修课	第20周
	绿色建筑	考查	专业拓展课	选修课	第20周
	通风与空调工程	考查	专业拓展课	选修课	第20周
	建筑智能化工程	考查	专业拓展课	选修课	第20周
	演讲与口才	考查	公共素质课	选修课	第20周
	ISO9000质量管理体系	考查	公共素质课	选修课	第20周
	GB/T 50430施工企业质量管理规范	考查	公共素质课	选修课	第20周
第五学期	形势与政策	考试	公共基础课	必修课	第20周
	安装工程计量与计价	考试	专业核心课	必修课	第20周
	给水排水管道工程技术	考试	专业核心课	必修课	第20周
	制冷技术与应用	考查	专业拓展课	选修课	第20周
	供热工程	考查	专业拓展课	选修课	第20周
	建筑电气工程	考查	专业拓展课	选修课	第20周
	建筑电气消防工程技术	考查	专业拓展课	选修课	第20周
	建筑工程法规	考查	专业拓展课	选修课	第20周
	建筑工程经济	考查	专业拓展课	选修课	第20周
	毕业设计	考查	实践性教学环节	必修课	第20周
第六学期	顶岗实习及毕业教育	考查	实践性教学环节	必修课	第20周

表8　给水排水工程技术专业实践性教学环节安排表

课程类别		实训项目名称	对应理论课程名称	内容及教学要求	开设周数	学分	开设学期	备注
公共实践	1	军事技能训练		军姿、军纪及必备军事技术能力训练	3	2	1	
	2	大学生综合素质实践（劳动实践）		在校期间，须累计修满500素质实践分	分散	2	1～5	
		分类小计			3	4		
专业实践	单项课程实践	1　水泵与水泵站实训	水泵与水泵站	某一级（或二级）泵站实训	1	1	3	
		2　建筑给水排水工程实训	建筑给水排水工程	某高层建筑给水排水实训	1	1	3	
		3　电气控制实训	建筑电气控制技术	某可编程控制系统调试	1	1	3	
		4　水处理工程实训	水处理工程技术	某水厂或污水处理厂实训	1	1	4	
		5　供热通风与给水排水工程施工实训	供热通风与给水排水工程施工	某给水排水系统安装	1	1	4	
		6　安装工程施工组织与管理实训	安装工程施工与组织管理	某安装工程施工组织	1	1	4	
		7　给水排水管道工程实训	给水排水管道工程技术	某小区给水排水管道实训	1	1	5	
		8　安装工程计量与计价实训	安装工程计量与计价	某工程水暖施工图预算	1	1	5	
		分类小计			8	8		
	综合性实践	1　认识实习		参观施工现场	1	1	2	
		2　工种实训	焊工、钳工、管工实训	基本操作实训	2	2	2	
		3　毕业设计		某给水排水工程设计、施工管理、预算任务	7	7	5	
		4　顶岗实习		到施工现场和主要工作岗位跟班作业	24	24	5、6	
		分类小计			34	34		
		合计			45	46		

表9　学生考证安排表

序号	课程名称	证书名称	考试时间
1	工程CAD	中级制图员	每年5月份
2	工种实训	管工	系部安排
3	所有课程	八大员	学院统一安排
4	机电BIM	BIM等级证书	学院统一安排

六、毕业标准

1. 基本修业年限 3 年，学生可以根据自身学习需求，合理、弹性安排学习时间，最长不超过 6 年。

2. 按规定修完所有课程，成绩全部合格，学分达到毕业规定学分。

3. 毕业设计成果考核合格；参加半年的顶岗实习并考核合格。

4. 学生体质健康测试综合成绩合格，综合素质实践教育考核合格。

5. 鼓励学生在校期间获得职业资格证、职业技能等级证书以及普通话、英语三级等证书，但不与毕业证挂钩。

6. 本专业毕业生继续学习主要有两种途径：一是参加专升本；二是参加自学考试，其专业面向给水排水工程设计专业、市政工程专业、水利水电工程专业等。

供热通风与空调工程技术专业

一、专业现状

1. 专业介绍

本专业培养理想信念坚定，德、智、体、美、劳全面发展，具有一定的科学文化水平，良好的人文素养、职业道德和创新意识，精益求精的工匠精神，较强的就业能力和可持续发展的能力，掌握供热通风与空调工程技术专业所需的供热系统、通风空调系统、建筑给排水系统和建筑电气系统的设计计算与施工图绘制、安装工程施工工艺、系统调试和运行维护、安装工程造价、单位工程施工组织与管理、BIM 技术等专业知识和多层建筑供热、通风空调、建筑电气工程、建筑给水与排水工程方案设计与施工图绘制能力，组织建筑安装工程施工工艺能力，编制工程造价和单位工程施工组织设计的能力等专业技能，面向供热通风与空调行业生产、建设、服务和管理领域的安装施工员、设计员助理、安装预算员等职业群，能够从事供热通风与空调工程安装、设计、管理、计量计价等相关工作的首选复合型技术技能人才。

2. 专业团队简介

本专业团队成员共 18 人，是一支具有双师特色、梯队合理的"双师教师＋能工巧匠"教学团队。通过校企互兼互聘，本专业现有 10 名专业专任教师，8 名企业兼职教师。团队成员有副高以上职称 11 人，其中教授 1 人，高级职称比例达到 61%，工程师、讲师7 人；在学历结构上，硕士 8 人，本科 10 人；在"双师"结构上，具有"双师型"教师10 人，其中有国家注册公用设备工程师（暖通空调）6 人。

3. 往届毕业生情况

本专业培养的往届毕业生主要分布在湖南、广东、上海、武汉等地，从事与本专业施工、设计、管理等相关工作，2018 届和 2019 届毕业生数据见表 1。

表 1　往届毕业生调查数据 ❶

项目	2019 届	2018 届
毕业一年后的就业率	95%	93%
专业毕业一年后的月收入	4350 元	3851 元
毕业生工作与专业相关的人数	93%	93%

❶ 数据来源：麦可思数据有限公司"湖南城建职业技术学院应届毕业生社会需求与培养质量跟踪评价报告（2019）"。

4. 专业荣誉

本专业开办于 2004 年，积累了大量"重基础知识、重基本技能、重实践能力"的教学经验，近年荣誉见表 2。

表 2 供热通风与空调工程技术专业近年荣誉一览表

序号	年度	项目名称
1	2011	参与"土建类高职教育供热通风与空调工程技术专业人才培养模式研究课题"
2	2012	主持《湖南省建筑工程水暖专业初中级专业技术资格考试大纲》《湖南省建筑企业基层专业技术管理人员(安装施工员水暖方向)岗位职业标准和考试大纲》
3	2016	主持省级《地源热泵技术导则》,主持市级《地埋管式地源热泵系统技术导则》与《非地埋管式地源热泵系统技术导则》
4	2015—2018	主持省级科研课题《高校卫生热水供应》等3项
5	2019	主持校级供热通风与空调工程技能抽查标准,主持院级课题《水暖施工技术在线课程》等4项

二、专业前景

1. 行业分析

建筑行业是我国国民经济的支柱产业,对国家GDP贡献率在12%以上,而高层建筑、城市综合体、高端写字楼的兴建对暖通空调设备的需求成井喷之势,成为建筑业中新的"经济增长点"。

近十年来及未来若干年,建筑设备安装企业、暖通设备生产销售企业不断发展扩大,特别是随着建设管理体制的改革,建设监理制和现代物业管理制的推行,成立了大批的监理公司、现代物业管理公司及消防公司。随着人们生活水平的提高,对高性能建筑设备的需求量也大增,进而使得暖通空调设备的生产、销售、安装企业得以快速发展,销售与产品技术服务队伍不断壮大。

2019年度,中国中央空调行业整体销售规模达906.6亿元(图1)。近几年内,全行业整体增长幅度平均超过20%;现在各大设计院设计的新型建筑,特别是公共建筑,如大型体育馆、剧场、医院、酒店、写字楼等建筑都采用了中央空调系统。

图 1 我国空调行业规模及增长率
(数据来源:2019年中央空调行业分析)

2. 湖南省供热通风与空调工程人才需求情况（图2）

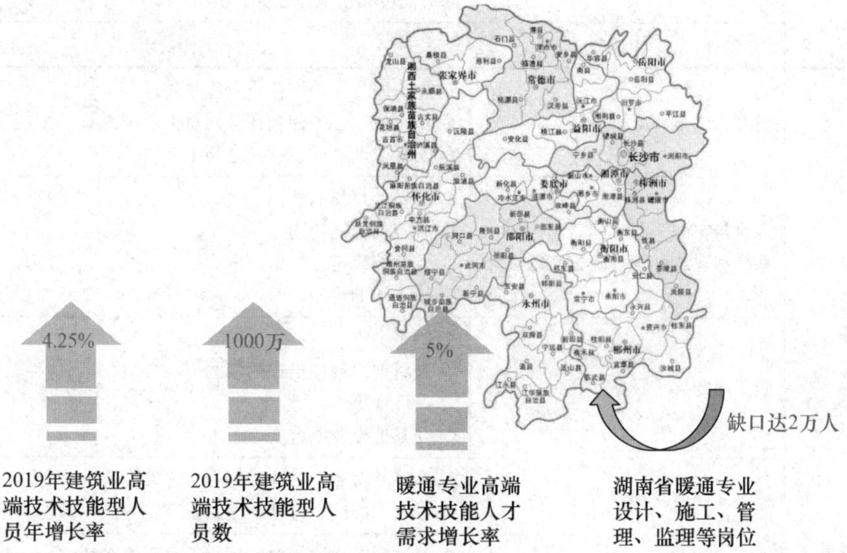

图2　湖南省暖通专业人才需求

（数据来源：2019年中央空调行业分析）

三、就业面向、职业岗位（群）

供热通风与空调工程技术专业培养面向供热通风与空调行业生产、建设、服务和管理第一线的高端技术技能型专门人才，学生毕业后可从事建筑供热工程、通风工程、空调工程、给水排水工程、电气工程的设计与安装施工、设备运行维护管理、安装工程预算、施工质量检查、设备销售以及BIM的机电建模等工作。相应职业资格证书有：安装施工员、设计员助理、造价员、质量员、安全员、BIM建模与运用师等职业岗位资格证书。3～5年后，可以升迁的专业技术岗位有：注册设备工程师、注册监理工程师、注册造价工程师、注册建造师等。就业岗位及主要职责见表3。

表3　就业岗位及主要职责一览表

面向岗位	职业岗位典型工作任务分析	
	工作任务	工作要求
安装施工员（暖通空调）	施工组织策划	◇ 项目管理模式选择的正确性 ◇ 施工队伍选择和任务分配的合理性 ◇ 项目班子配置的有效性 ◇ 主要施工设备配置计划的前瞻性
	施工技术管理	◇ 图纸会审的正确性 ◇ 施工组织方案编制的合理性 ◇ 技术交底的全面性 ◇ 施工技术的先进性 ◇ 施工质量必须符合相应的施工规范

续表

面向岗位	职业岗位典型工作任务分析	
	工作任务	工作要求
安装施工员 （暖通空调）	进度、成本和质量控制	◇ 施工质量必须符合质量验收规范 ◇ 施工成本必须控制在合同总价范围内 ◇ 实际工期必须控制在合同工期内
设计员助理 （暖通空调）	通风与空调工程、建筑给水排水系统和建筑电气系统施工图设计	◇ 设备、材料的选择 ◇ 规范的查阅使用 ◇ 方案的确定 ◇ 施工图的绘制
	施工现场技术服务	◇ 图纸会审 ◇ 及时解决现场出现的问题 ◇ 设计变更 ◇ 与其他专业配合
安装预算员 （暖通空调）	计价文件编制	◇ 熟练掌握和理解施工图纸、定额内容 ◇ 及时、准确、合理地编制安装工程的预算及其标底
	成本控制	◇ 复核和审查施工单位预算人员所报送的预、结算资料 ◇ 结合工程现场实际情况，及时核对与施工图有偏差的内容 ◇ 参与设备采购及其方案的比较和市场的询价，为决策提供准确的依据
建筑信息模型技术员（暖通空调）	机电BIM建模	◇ 在技术负责人指导下，完成对应二维图形的BIM机电建模 ◇ 在技术负责人指导下，完成单位工程项目所需的族的建立
	BIM技术应用	◇ 能根据模型，独立出具二维施工图，能完成动画漫游，能出具效果图 ◇ 在技术负责人指导下，完成BIM机电模型碰撞分析，完成室内净高分析、施工材料净用量提取、施工过程模型等

四、核心技能

依托《湖南省建筑工程水暖专业初中级专业技术资格考试大纲》《湖南省建筑企业基层专业技术管理人员（安装施工员水暖方向）岗位职业标准和考试大纲》，结合我院供热、通风与空调工程技术专业实际情况，核心技能见表4。

表4　供热通风与空调工程技术专业核心技能

核心技能	考核点	具体的内容
建筑供热与通风空调系统、建筑电气工程、建筑给水排水工程的方案设计与施工图绘制能力	1. 方案的设计 2. 平面图、系统图设计 3. 资料的查阅 4. 独立工作能力与创新	设计说明书的编写，设计方案（包括建筑供热通风与空调工程、建筑电气工程、建筑给水排水工程的设计）的确定。负荷的计算，设备选型，系统图，施工图的绘制。资料规范的查阅能力
建筑供热与通风空调系统、建筑电气、建筑给水排水安装工程的施工能力	1. 工程图的识读 2. 设备安装工艺与安装步骤 3. 常见故障处理	能够识读施工图，产品安装使用说明书。一般设备安装调试步骤和安装工艺；设备的操作使用；对设备常见的故障有诊断、排除、维护的能力

核心技能	考核点	具体的内容
编制工程造价的能力	1. 工程图的识读 2. 工程量计算 3. 定额计价与清单计价 4. 经济分析	能够识读施工图，产品安装使用说明书。能编制一般单位工程建筑电气、智能，消防系统施工图概预算和施工预算，计算建筑电气安装工程造价
编制单位工程施工组织与管理的能力	1. 施工组织能力 2. 施工方案编制能力 3. 技术资料文档整理	能处理施工中发生的一般技术问题，完成一般单位工程组织设计或施工方案的编制工作。能编制一般单位工程、消防、监控系统施工图概预算和施工预算。参加图纸会审。了解技术、质量、安全措施交底工作。能整理工程技术档案，保证汇集的技术文件资料的完整正确
进行施工质量检查评定和施工安全检查的初步能力	1. 材料、工序、施工质量的检查与评定能力 2. 施工质量问题的有效处理能力	了解相关规范与标准的要求，能参与分部分项工程的监督检查工作，能参与材料质量、施工质量的检查验收与评定，并做好相应的检测记录。能参与质量体系的现场运行管理，能参与制定质量通病预防措施；能参加质量例会或分析会；能参与质量事故的报告、调查、分析、处理工作并做好质量验收记录
建筑信息模型（BIM）的建模能力	1. BIM模型的搭建能力 2. 协同及碰撞检查能力 3. BIM可视化设计能力 4. 利用BIM技术进行管理及后期运维能力	能够识读建筑、安装施工图纸，搜索、查阅、整理工程资料；熟练使用 AutoCAD、Revit Architecture、Revit Structure、Revit MEP 等设计软件；能够利用BIM软件进行BIM建模，完成设计与协调工作，并进行BIM施工应用；能够利用BIM模型进行管线综合、施工图纸输出、报告编制等工作

五、专业课程及实践环节（表5～表7）

表5 供热通风与空调工程技术专业各学期专业课程一览表

学期	主要课程	考核方式	课程类别	课程性质	考核时间
第一学期	思想道德修养与法律基础	考试	公共基础课	必修课	第20周
	形势与政策	考试	公共基础课	必修课	第20周
	大学生安全教育	考查	公共基础课	必修课	第20周
	大学生职业生涯规划	考查	公共基础课	必修课	第20周
	大学生心理健康教育	考查	公共基础课	必修课	第20周
	大学英语	考试	公共基础课	必修课	第20周
	体育与健康	考查	公共基础课	必修课	第20周
	计算机应用基础	考查	公共基础课	必修课	第20周
	电工技术	考查	专业基础课	必修课	第20周
	安装工程制图与识图	考试	专业基础课	必修课	第20周

续表

学期	主要课程	考核方式	课程类别	课程性质	考核时间
第一学期	建筑CAD	考试	专业基础课	必修课	第20周
	大学应用数学基础	考试	专业基础课	必修课	第20周
	社交礼仪	考查	公共素质课	选修课	第20周
	湘潭伟人名人文化	考查	公共素质课	选修课	第20周
	军事技能训练	考查	实践性教学环节	必修课	第20周
第二学期	思想道德修养与法律基础	考试	公共基础课	必修课	第20周
	形势与政策	考试	公共基础课	必修课	第20周
	大学生心理健康教育	考查	公共基础课	必修课	第20周
	大学英语	考试	公共基础课	必修课	第20周
	体育与健康	考查	公共基础课	必修课	第20周
	军事理论	考查	公共基础课	必修课	第20周
	大学人文基础	考查	公共基础课	必修课	第20周
	建筑构造	考查	专业基础课	必修课	第20周
	BIM技术基础	考查	专业基础课	必修课	第20周
	工程测量	考查	专业基础课	必修课	第20周
	艺术类课程：艺术鉴赏、音乐鉴赏、美术鉴赏、舞蹈鉴赏、影视鉴赏、书法鉴赏、形体与气质塑造、歌唱技巧与合唱指挥（8选1）	考查	公共素质课	选修课	第20周
	认识实习	考查	实践性教学环节	必修课	第20周
	工种实训	考查	实践性教学环节	必修课	第20周
第三学期	形势与政策	考试	公共基础课	必修课	第20周
	体育与健康	考查	公共基础课	必修课	第20周
	毛泽东思想和中国特色社会主义理论体系概论	考试	公共基础课	必修课	第20周
	大学生创新创业教育	考查	公共基础课	必修课	第20周
	流体力学与热工学基础	考试	专业基础课	必修课	第20周
	电子技术	考查	专业基础课	必修课	第20周
	空调用制冷技术	考试	专业核心课	必修课	第20周
	劳动专题教育	考查	公共基础课	必修课	第20周
	建筑电气工程	考试	专业核心课	必修课	第20周
	建筑给水排水工程	考试	专业核心课	必修课	第20周
	工程力学	考查	专业拓展课	选修课	第20周
	建筑电气控制技术	考查	专业拓展课	选修课	第20周

续表

学期	主要课程	考核方式	课程类别	课程性质	考核时间
第三学期	思政系列课程：筑梦中国、法治中国、美丽中国（3选1）	考查	公共素质课	选修课	第20周
	应用文写作	考查	公共素质课	选修课	第20周
	普通话	考查	公共素质课	选修课	第20周
第四学期	毛泽东思想和中国特色社会主义理论体系概论	考试	公共基础课	必修课	第20周
	形势与政策	考试	公共基础课	必修课	第20周
	体育与健康	考查	公共基础课	必修课	第20周
	大学生就业教育与职业指导	考查	公共基础课	必修课	第20周
	通风与空调工程	考试	专业核心课	必修课	第20周
	供热通风与给水排水工程施工	考试	专业核心课	必修课	第20周
	安装工程施工与组织管理	考试	专业核心课	必修课	第20周
	机电BIM	考查	专业拓展课	选修课	第20周
	锅炉与锅炉房设备	考查	专业拓展课	选修课	第20周
	消防检测	考查	专业拓展课	选修课	第20周
	演讲与口才	考查	公共素质课	选修课	第20周
	ISO9000质量管理体系	考查	公共素质课	选修课	第20周
	GB/T 50430施工企业质量管理规范	考查	公共素质课	选修课	第20周
	中西方文学比较	考查	公共素质课	选修课	第20周
第五学期	形势与政策	考试	公共基础课	必修课	第20周
	供热、空调系统运行调节与维护	考查	专业拓展课	选修课	第20周
	安装工程计量与计价	考试	专业核心课	必修课	第20周
	供热工程	考试	专业核心课	必修课	第20周
	泵与风机	考查	专业拓展课	选修课	第20周
	建筑电气控制技术	考查	专业拓展课	选修课	第20周
	建筑智能化工程	考查	专业拓展课	选修课	第20周
	建筑电气消防工程技术	考查	专业拓展课	选修课	第20周
	热工仪表与自动控制	考查	专业拓展课	选修课	第20周
	水处理工程技术	考查	专业拓展课	选修课	第20周
	给水排水管道工程技术	考查	专业拓展课	选修课	第20周
	绿色建筑	考查	专业拓展课	选修课	第20周
	建筑工程经济	考查	专业拓展课	选修课	第20周
	建筑工程法规	考查	专业拓展课	选修课	第20周
	建筑工程监理	考查	专业拓展课	选修课	第20周
	毕业设计	考查	实践性教学环节	必修课	第20周
第六学期	顶岗实习及毕业教育	考查	实践性教学环节	必修课	第20周

表6 供热通风与空调工程技术专业实践性教学环节安排表

课程类别		实训项目名称	对应理论课程名称	内容及教学要求	开设周数	学分	开设学期	备注
公共实践	1	军事技能训练		军姿、军纪及必备军事技术能力训练	3	2	1	
	2	大学生综合素质实践（劳动实践）		在校期间，须累计修满500素质实践分	分散	2	1~5	
		分类小计			3	4		
专业实践	单项课程实践	1 制冷技术与应用实训	制冷技术与应用	中央空调工程制冷站设计实训	1	1	3	
		2 建筑给水排水工程实训	建筑给水排水工程	高层建筑给水排水工程设计实训	1	1	3	
		3 建筑电气工程实训	建筑电气工程	某多层办公楼建筑电气设计	1	1	3	
		4 通风与空调工程实训	通风与空调工程	多层建筑中央空调工程设计实训	1	1	4	
		5 供热通风空调工程施工实训	供热通风与给水排水工程施工技术	某项目空调系统安装工程实训	1	1	4	
		6 安装工程施工与组织管理实训	安装工程施工与组织管理	某安装工程施工组织	1	1	4	
		7 供热工程实训	供热工程	某工程的供热工程设计实训	1	1	5	
		8 安装工程计量与计价实训	安装工程计量与计价	某暖通空调工程施工图预算	1	1	5	
		分类小计			8	8		
	综合性实践	1 认识实习（阶段实习）		参观施工现场	1	1	2	
		2 工种实训	焊工、钳工、管工实训	基本操作实训	2	2	2	
		3 毕业设计		某供热通风或空调工程设计、施工管理、预算任务	7	7	5	
		4 顶岗实习		到施工现场和主要工作岗位跟班作业	24	24	5、6	
		分类小计			34	34		
合计					45	46		

表7 学生考证安排表

序号	课程名称	证书名称	考试时间
1	工程CAD	中级制图员	每年5月份
2	所有课程	八大员	学院统一安排
3	机电BIM	BIM等级考试	学院统一安排

六、毕业标准

1. 基本修业年限 3 年，学生可以根据自身学习需求，合理、弹性安排学习时间，最长不超过 6 年。

2. 按规定修完所有课程，成绩全部合格，学分达到毕业规定学分。

3. 毕业设计成果考核合格；参加半年的顶岗实习并考核合格。

4. 学生体质健康测试综合成绩合格，综合素质实践教育考核合格。

5. 鼓励学生在校期间获得职业资格证、职业技能等级证书以及普通话、英语三级等证书，但不与毕业证挂钩。

6. 本专业毕业生继续学习主要有两种途径：一是参加专升本；二是参加自学考试，其专业面向建筑设备与能源应用专业等。

建筑电气工程技术专业

一、专业现状

1. 专业简介

建筑电气工程技术专业培养面向建筑电气行业的电气安装施工员、电气设计员助理、电气安装预算员等人员职业群，能够从事建筑电气行业安装施工、管理、设计、计量计价等相关工作的首选复合型技术技能人才。学生毕业后可从事工业设备、建筑设备工程（建筑电气）安装施工，建筑电气设计、工业设备经济运行技术和管理等工作。相应职业资格证书有：施工员、电气设计员助理、电气安装预算员、电气建筑信息模型技术员等职业岗位资格证书。3～5年后，可以升迁的专业技术岗位有:电气设计师、安装建造师（机电）、安装造价工程师（机电）、BIM建模与运用师（机电）等。

2. 专业团队简介

通过校企互兼互聘，本专业现有13名专业专任教师,8名企业兼职。13名专任教师中，教授1人，副教授、高级工程师7人，工程师、讲师6人，高级职称比例达到54%；在学历结构上，硕士8人；在"双师"结构上，具有"双师型"教师9人，其中有国家注册工程师4人。形成了一支经验丰富、业务精湛、富有活力的"双师素质"和"双师结构"的专业教学团队，行业知名度高、影响力大。

本专业培养的往届毕业生主要分布在湖南、广东、上海、武汉等地，从事与本专业施工、设计、管理等相关工作，2018届和2019届毕业生数据见表1。

表1　往届毕业生调查数据❶

项目	2019届	2018届
毕业一年后的就业率	87%	89%
专业毕业一年后的月收入	4623元	4123元
毕业生工作与专业相关的人数	79%	95%

❶ 数据来源：麦可思数据有限公司"湖南城建职业技术学院应届毕业生社会需求与培养质量跟踪评价报告（2019）"。

二、专业前景

随着信息化技术的发展，电气与人们的日常生活以及工业生产关系日益密切，作为我国重要学科之一，电气工程学科近年来发展非常迅速，已成为高新技术产业的重要组成部分，广泛应用于工业、农业、国防等领域，在国民经济中发挥着越来越重要的作用。

近十多年来，现代生活和工作方式促进了智能化建筑的出现，并在短时间内取得快速和大规模的发展，建筑电气所涉及的范围不仅仅是建筑供配电，还结合电子计算机技术向综合应用的方向发展。对建筑物内的给水排水系统、空调制冷系统、自动消防系统、保安监视系统、通信及其他设备系统等实行最佳控制和最佳管理。

作为发展的一个新领域，各种现代化建筑和智能居住小区爆发性增长，建筑电气工程技术的发展为人们提供了一个良好的办公和生活环境，并带来空前的高效率和巨大的经济效益，是目前建筑行业发展最为迅猛的领域，有着不可限量的前景，社会对本专业人才的需求量将会越来越大，就业前景广阔，该专业所属的行业被广为看好的朝阳产业，具有良好的人才需求前景。图1为建筑电气工程技术专业企业用人调查数据。图2为建筑电气工程技术专业排名。

工资情况
面议		37%
6000-7999		17%
3000-4499		15%
10000-14999		14%
4500-5999		13%

经验要求
不限经验		51%
3-5年		20%
1-3年		13%
5-10年		13%
10年以上		1%

学历要求
大专		42%
本科		27%
不限学历		25%
中技		3%
中专		1%

图1　企业用人调查数据

（数据来源：土木工程网http://www.civilcn.com/jianzhu/jzlw/jcll/1528255295359741.html）

第18名（土建）

在土建36个专业中，就业排名第18

第2名（建筑设备类）

在建筑设备类7个专业中，就业排名第2

图2　建筑电气工程技术专业排名

（数据来源：土木工程网http://www.civilcn.com/jianzhu/jzlw/jcll/1528255295359741.html）

三、就业面向、职业岗位（群）

建筑电气工程技术专业培养面向建筑设备安装公司、建设工程公司、房地产开发公司、建筑设计院、建筑消防工程公司、电气自动化企业、建筑智能化系统集成公司、造价咨询公司、监理公司、现代物业管理公司等相关企事业单位生产、建设、服务和管理第一线的高质量应用型人才。

本专业以施工企业一线的项目施工员为主要就业岗位，以施工员、设计员助理、预算员、建筑信息模型技术员等为就业岗位群。就业岗位、典型工作任务及职业能力见表2。

表2　建筑电气工程技术就业岗位及主要职责一览表

就业岗位	主要工作职责	
	主要工作任务	主要工作要求
电气安装施工员	建筑电气工程施工组织策划	◇ 项目管理模式选择的正确性 ◇ 施工队伍选择和任务分配的合理性 ◇ 项目班子配置的有效性 ◇ 主要施工设备配置计划的前瞻性

续表

就业岗位	主要工作职责	
	主要工作任务	主要工作要求
电气安装施工员	建筑电气工程施工技术管理	◇ 图纸会审的正确性 ◇ 施工组织方案编制的合理性 ◇ 技术交底的全面性 ◇ 施工技术的先进性 ◇ 施工质量必须符合相应的施工规范
	建筑电气工程进度、成本和质量控制	◇ 施工质量必须符合质量验收规范 ◇ 施工成本必须控制在合同总价范围内 ◇ 实际工期必须控制在合同工期内
电气设计员助理	建筑电气施工图设计	◇ 规范的查阅使用 ◇ 设计方案的确定 ◇ 设备平面布置 ◇ 施工图的绘制
	建筑电气工程施工现场技术服务	◇ 图纸会审 ◇ 及时解决现场出现的问题 ◇ 设计变更 ◇ 参与工程验收 ◇ 与其他专业配合
电气安装预算员	建筑电气工程计价文件编制	◇ 熟练掌握和理解施工图纸、定额内容 ◇ 及时、准确、合理地编制安装工程的预算及其标底
	建筑电气工程成本控制	◇ 复核和审查施工单位预算人员所报送的预、结算资料 ◇ 结合工程现场实际情况，及时核对与施工图有偏差的内容 ◇ 参与设备采购及其方案的比较和市场的询价，为决策提供准确的依据
建筑信息模型技术员	建筑电气工程机电BIM建模	◇ 正确理解设计意图及其建模任务要求 ◇ 完成建筑电气工程项目所需的族的建立 ◇ 完成建筑电气工程BIM建模
	建筑电气工程BIM技术应用	◇ 根据模型，独立出具二维施工图 ◇ 完成动画漫游，进行效果图及动画制作 ◇ 完成BIM机电模型碰撞分析，完成室内净高分析、施工材料净用量提取、施工过程模型等，指导施工

四、核心技能

依托《湖南省建筑电气专业初中级专业技术资格考试大纲》《湖南省建筑企业基层专业技术管理人员（安装施工员方向）岗位职业标准和考试大纲》，结合我院建筑电气工程技术专业实际情况，核心技能见表3。

表3 建筑电气工程技术专业核心技能

核心技能	考核点	具体的内容
建筑电气系统设备安装调试能力	1. 工程图的识读 2. 设备安装工艺与安装步骤 3. 常见故障处理	识读施工图,产品安装使用说明书。一般设备安装调试步骤和安装工艺;设备的操作使用;设备常见的故障有诊断、排除、维护的能力
建筑电气设备施工组织管理能力	1. 施工组织能力 2. 施工方案编制能力 3. 技术资料文档整理	处理施工中发生的一般技术问题,完成一般单位工程组织设计或施工方案的编制工作。能编制一般单位工程、消防、监控系统施工图概预算和施工预算。参加图纸会审。了解技术、质量、安全措施交底工作。整理工程技术档案,保证汇集的技术文件资料的完整正确
建筑电气工程计量与计价能力	1. 工程图的识读 2. 工程量计算 3. 定额计价与清单计价 4. 经济分析	识读施工图,产品安装使用说明书。编制一般单位工程建筑电气、智能、消防系统施工图概预算和施工预算,计算建筑电气安装工程造价
电气工程施工技能	1. 电气照明及动力系统安装 2. 防雷接地系统安装	根据施工图纸正确进行电气系统的安装;根据施工图进行线路的布置和安装;正确使用测试仪器对线路进行测试与维修排故;掌握安全用电的相关规定,在工作过程中避免出现安全事故,在确保人身安全和设备安全的前提下进行设备调试
建筑供配电与照明系统设计能力	1. 方案的设计 2. 平面图、系统图设计 3. 资料的查阅 4. 独立工作能力与创新	建筑设计说明书的编写,设计方案(包括强电、弱电,接地防雷,消防系统设计)的确定。负荷的计算,设备选型,高低压配电系统图,建筑电气施工平面图的绘制。资料规范的查阅能力

五、专业课程及实践环节(表4~表6)

表4 建筑电气工程技术专业各学年专业课程一览表

学期	主要课程	考核方式	课程类别	课程性质	考核时间
第一学期	思想道德修养与法律基础	考试	公共基础课	必修课	第20周
	形势与政策	考试	公共基础课	必修课	第20周
	大学生安全教育	考查	公共基础课	必修课	第20周
	大学生职业生涯规划	考查	公共基础课	必修课	第20周
	大学生心理健康教育	考查	公共基础课	必修课	第20周
	大学英语	考试	公共基础课	必修课	第20周
	体育与健康	考查	公共基础课	必修课	第20周
	计算机应用基础	考查	公共基础课	必修课	第20周
	大学应用数学基础	考试	公共基础课	必修课	第20周
	安装工程制图与识图	考查	专业基础课	必修课	第20周
	建筑CAD	考查	专业基础课	必修课	第20周

续表

学期	主要课程	考核方式	课程类别	课程性质	考核时间
第一学期	电工技术	考试	专业基础课	必修课	第20周
	社交礼仪	考查	公共素质课	选修课	第20周
	军事技能训练	考查	实践性教学环节	必修课	第20周
第二学期	思想道德修养与法律基础	考试	公共基础课	必修课	第20周
	形势与政策	考试	公共基础课	必修课	第20周
	大学生心理健康教育	考查	公共基础课	必修课	第20周
	军事理论	考查	公共基础课	必修课	第20周
	大学英语	考查	公共基础课	必修课	第20周
	体育与健康	考查	公共基础课	必修课	第20周
	大学人文基础	考查	公共基础课	必修课	第20周
	建筑构造	考查	专业基础课	必修课	第20周
	BIM技术基础	考查	专业基础课	必修课	第20周
	工程测量	考查	专业基础课	必修课	第20周
	艺术类选修课	考查	公共素质课	选修课	第20周
	认识实习	考查	实践性教学环节	必修课	第20周
	工种实训（钳工、焊工、管工）	考查	实践性教学环节	必修课	第20周
第三学期	毛泽东思想和中国特色社会主义理论体系概论	考试	公共基础课	必修课	第20周
	形势与政策	考试	公共基础课	必修课	第20周
	大学生创新创业教育	考查	公共基础课	必修课	第20周
	体育与健康	考查	公共基础课	必修课	第20周
	劳动专题教育	考查	公共基础课	必修课	第20周
	建筑供配电与照明技术	考试	专业基础课	必修课	第20周
	建筑电气控制技术与PLC	考试	专业核心课	必修课	第20周
	电子技术	考试	专业基础课	选修课	第20周
	通风与空调工程	考查	专业拓展课	选修课	第20周
	建筑给水排水工程	考查	专业拓展课	选修课	第20周
	网络技术	考查	专业拓展课	选修课	第20周
	思政系列选修课	考查	公共素质课	选修课	第20周
	应用文写作	考查	公共素质课	选修课	第20周
	普通话	考查	公共素质课	选修课	第20周

续表

学期	主要课程	考核方式	课程类别	课程性质	考核时间
第四学期	毛泽东思想和中国特色社会主义理论体系概论	考试	公共基础课	必修课	第20周
	形势与政策	考试	公共基础课	必修课	第20周
	大学生就业教育与职业指导	考查	公共基础课	必修课	第20周
	体育与健康	考查	公共基础课	必修课	第20周
	建筑电气施工技术	考试	专业核心课	必修课	第20周
	建筑智能化工程	考试	专业核心课	必修课	第20周
	安装工程施工与组织管理	考试	专业核心课	必修课	第20周
	建筑智能化工程	考试	专业核心课	必修课	第20周
	单片机技术	考查	专业拓展课	选修课	第20周
	工程力学	考查	专业拓展课	选修课	第20周
	物联网技术	考查	专业拓展课	选修课	第20周
	供热通风与给水排水施工	考查	专业拓展课	选修课	第20周
	演讲与口才	考查	公共素质课	选修课	第20周
	ISO9000质量管理体系	考查	公共素质课	选修课	第20周
	GB/T 50430施工企业质量管理规范	考查	公共素质课	选修课	第20周
第五学期	形势与政策	考试	公共基础课	必修课	第20周
	建筑电气消防工程技术	考试	专业核心课	必修课	第20周
	安装工程计量与计价	考试	专业核心课	必修课	第20周
	机电BIM	考查	专业拓展课	选修课	第20周
	建筑设备监控系统工程技术	考查	专业拓展课	选修课	第20周
	建筑工程法规	考查	专业拓展课	选修课	第20周
	建筑工程经济	考查	专业拓展课	选修课	第20周
	绿色建筑	考查	专业拓展课	选修课	第20周
	空调制冷技术	考查	专业拓展课	选修课	第20周
	水泵与水泵站	考查	专业拓展课	选修课	第20周
	钢结构及焊接工艺	考查	专业拓展课	选修课	第20周
	毕业设计	考查	实践性教学环节	必修课	第20周
第六学期	顶岗实习及毕业教育	考查	实践性教学环节	必修课	第20周

表5 建筑电气工程技术专业实践性教学环节安排表

课程类别		实训项目名称	对应理论课程名称	内容及教学要求	开设周数	学分	开设学期	备注
公共实践	1	军事技能训练		军姿、军纪及必备军事技术能力训练	3	2	1	
	2	大学生综合素质实践（劳动实践）		在校期间，须累计修满500素质实践分	分散	2	1~5	
		分类小计			3	4		
专业实践	单项课程实践	1	建筑供配电与照明工程设计	建筑供配电与照明技术	某建筑物供配电、照明系统设计与安装	2	2	3	
		2	建筑电气控制实训	建筑电气控制技术与PLC	电气控制电路与某PLC编程训练	1	1	3	
		3	建筑电气施工技术实训	建筑电气施工技术	电气施工实训	1	1	4	
		4	建筑智能化工程实训	建筑智能化工程	某楼宇智能化系统设计	1	1	4	
		5	安装工程施工组织与管理实训	安装工程施工与组织管理	某安装工程施工组织	1	1	4	
		6	火灾自动报警系统实训	建筑电气消防工程技术	某工程火灾自动报警系统设计	1	1	5	
		7	安装工程计量与计价实训	安装工程计量与计价	某工程水暖施工图预算	1	1	5	
		分类小计			8	8		
	综合性实践	1	认识实习		参观施工现场	1	1	2	
		2	工种实训	焊工、钳工、管工实训	基本操作实训	2	2	2	
		3	毕业设计		某建筑电气、智能化工程设计、施工管理、预算任务	7	7	5	
		4	顶岗实习		到施工现场和主要工作岗位跟班作业	24	24	5、6	
		分类小计			34	34		
合计					45	46		

表6 学生考证安排表

序号	课程名称	证书名称	考试时间
1	工程CAD	中级制图员	每年5月份
2	工种实训	电工	系部安排
3	所有课程	八大员	学院统一安排
4	机电BIM	BIM等级证书	学院统一安排

六、毕业标准

1. 基本修业年限 3 年，学生可以根据自身学习需求，合理、弹性安排学习时间，最长不超过 6 年。

2. 按规定修完所有课程，成绩全部合格，学分达到毕业规定学分。

3. 毕业设计成果考核合格；参加半年的顶岗实习并考核合格。

4. 学生体质健康测试综合成绩合格，综合素质实践教育考核合格。

5. 鼓励学生在校期间获得职业资格证、职业技能等级证书以及普通话、英语三级等证书，但不与毕业证挂钩。

6. 本专业毕业生继续学习主要有两种途径：一是参加专升本；二是参加自学考试，其专业面向电气自动化工程、电气工程等。

建筑智能化工程技术专业

一、专业现状

1. 专业团队简介

通过校企互聘，本专业现有 18 名专业专任教师，本专业共有教师 18 人，其中校内专任教师 12 人，占 66.7%；校外企业兼职教师 6 人，占 33.3%。本专业校内专任教师职称结构为：副高及以上职称 6 人，占 50%；中级职称 4 人，占 33%；初级职称 2 人，占 17%。学历结构为：硕士及以上 7 人，占 58%；本科 5 人，占 42%。双师结构为：电气工程师、给水排水师、暖通工程师等"双师型"教师 7 人，占 58%。形成了一支经验丰富、业务精湛、行业知名度高、富有活力的"双师素质"和"双师结构"的专业教学团队。

2. 往届毕业生情况

本专业培养的往届毕业生主要分布在湖南、广东、上海、武汉等地，从事与本专业施工、设计、管理等相关工作，2018 届和 2019 届毕业生数据见表 1。

表 1　往届毕业生调查数据 ❶

项目	2019 届	2018 届
毕业一年后的就业率	89%	94%
专业毕业一年后的月收入	4400 元	5023 元
毕业生工作与专业相关的人数	65%	72%

❶ 数据来源：麦可思数据有限公司"湖南城建职业技术学院应届毕业生社会需求与培养质量跟踪评价报告（2019）"。

3. 专业荣誉

本专业开办于 1999 年，积累了大量"重基础知识、重基本技能、重实践能力"的教学经验，近年荣誉见表 2。

表 2　建筑智能化工程技术专业近年荣誉一览表

序号	年度	项目名称
1	2012	主编《全国高等职业教育建筑智能化工程技术专业教学基本要求》
2	2015	建筑工程技术高职示范特色专业群建设专业
3	2015	主持校级建筑智能技能抽查标准
4	2015	湖南省楼宇智能化技能大赛一等奖
5	2015	全国楼宇智能化技能大赛三等奖
6	2019	湖南省装配式建筑职业技能智能楼宇管理员一等奖
7	2019	全国装配式建筑职业技能智能楼宇管理员三等奖

二、专业前景

我国智能建筑始建于20世纪90年代，起步晚，基数较小。在美国和日本，智能建筑占新建建筑的比例已经分别超过70%和60%，相比于发达国家，我国智能建筑占比仍然处于较低的水平，不足40%。"十三五"时期，中国经济发展处于新常态，迫切需要发展新动能。在"互联网＋""大数据"等国家重大战略的实施带动下，智慧城市作为新型城镇化和信息化的最佳结合，将会有力推动我国城镇建设中的智能化工程的应用扩大，提高新建建筑智能化工程应用率，加快既有建筑智能化工程改造。

未来，国内智能建筑占新建建筑的比例将不断上升，加上已有建筑智能化改造，我国建筑智能化工程市场规模将会持续提升。根据前瞻产业研究院《中国建筑智能化工程行业市场前瞻与投资战略规划分析报告》数据显示，2018中国建筑智能化工程市场规模将接近900亿元，预计2019年中国建筑智能化工程市场规模将达到9651亿元。2020年时中国建筑智能化工程市场规模将突破万亿元。未来，国内智能建筑占新建建筑的比例将不断上升，加上已有建筑智能化改造，预计到了2023年国内建筑智能化工程市场规模将达到12276亿元，发展前景可期。

智能建筑信息系统以建筑为平台，兼备建筑设备、办公自动化及通信网络系统，并将它们的结构、系统、服务和管理根据用户的需求进行最优化组合，为用户提供一个高效、舒适、便利的人性化建筑环境。其根据功能的不同，可划分为建筑设备自动化系统（BAS）、通信自动化系统（CAS）、办公自动化系统（OAS）、安全防范自动化系统（SAS）及消防自动化系统（FAS），即5A，它们是智能建筑的基础。利用物联网技术，可以将这五大独立系统连接起来，实现信息的共享和统一管理。

据权威部门统计，目前我国智能建筑工程人才需求缺口巨大且分布不均。目前绝大多数从业人员都未经任何培训就直接上岗，施工一线的操作人员技能水平很低，高级工不足2.4%，技师不足1%，高级技师不足0.3%。而大多数学校的课程设置、课程体系相对滞后，毕业学生满足不了企业需求。与此同时，随着技术的更新换代逐渐加快，也使得在岗人士的再学习、再培训势在必行。

湖南省建筑智能人才需求逐年增长，建筑智能类设计、施工、管理、预算等技术目前缺口3万人，就业前景广泛，平均工资4200元，有的多达上万元，薪水可观。

三、就业面向、职业岗位（群）

建筑智能化工程技术专业培养面向建筑设备安装施工企业、建筑消防工程公司、安防工程公司、建筑智能化系统集成公司、网络工程公司、房地产开发公司、造价咨询公司、建筑设计院、监理公司、现代物业管理公司、其他相关企事业单位生产、建设、服务和管理第一线的高端技术技能型人才。

学生毕业后主要就业岗位群有消防工程设计与施工、安防工程设计与施工、智能化工程设计与施工、智能小区及智能楼宇管理，相关职业岗位群有安装施工员、安装预算员、质量员、材料员、资料员，相应职业资格证书有：安装工程施工员、安装预算员、质量员、材料员、资料员等职业资格证书；综合布线技术培训证书。

升迁后的职业资格证书有：二级机电（或市政）建造师（机电）、设计师、造价工程师、BIM 建模与运用师、电气工程师。岗位、典型工作任务及职业能力见表 3。

表 3 建筑智能化工程技术专业就业岗位及主要职责

面向岗位	职业岗位典型工作任务分析	
	工作任务	工作要求
安装施工员（智能化）	施工组织策划	◇ 项目管理模式选择的正确性 ◇ 施工队伍选择和任务分配的合理性 ◇ 项目班子配置的有效性 ◇ 主要施工设备配置计划的前瞻性
	施工技术管理	◇ 图纸会审的正确性 ◇ 施工组织方案编制的合理性 ◇ 技术交底的全面性 ◇ 施工技术的先进性 ◇ 施工质量必须符合相应的施工规范
	进度、成本和质量控制	◇ 施工质量必须符合质量验收规范 ◇ 施工成本必须控制在合同总价范围内 ◇ 实际工期必须控制在合同工期内
智能建筑工程项目设计助理	建筑智能化施工图设计	◇ 设备、材料的选择 ◇ 规范的查阅使用 ◇ 方案的确定 ◇ 施工图的绘制
	施工现场技术服务	◇ 图纸会审 ◇ 及时解决现场出现的问题 ◇ 设计变更 ◇ 与其他专业配合
	成本控制	◇ 复核和审查施工单位预算人员所报送的预、结算资料 ◇ 结合工程现场实际情况，及时核对与施工图有偏差的内容 ◇ 参与设备采购及其方案的比较和市场的询价，为决策提供准确的依据
安装预算员（智能化）	给水排水工程计价文件编制	◇ 熟练掌握和理解施工图纸、定额内容 ◇ 及时、准确、合理地编制安装工程的预算及其标底
	给水排水工程成本控制	◇ 复核和审查施工单位预算人员所报送的预、结算资料 ◇ 结合工程现场实际情况，及时核对与施工图有偏差的内容 ◇ 参与设备采购及其方案的比较和市场的询价，为决策提供准确的依据
建筑信息模型技术员	机电 BIM 建模	◇ 正确理解设计意图及其建模任务要求 ◇ 完成建筑智能化工程项目所需的族的建立 ◇ 完成建筑智能化工程 BIM 建模
	BIM 技术应用	◇ 根据模型，独立出具二维施工图 ◇ 完成动画漫游，进行效果图及动画制作 ◇ 完成 BIM 机电模型碰撞分析，指导施工

四、核心技能

依托《湖南省建筑企业基层专业技术管理人员（安装施工员方向）岗位职业标准和考试大纲》，结合我院建筑智能化工程技术专业实际情况，核心技能见表4。

表4　建筑智能化工程技术专业核心技能

核心技能	考核点	具体的内容
建筑智能化系统设备安装调试能力	1. 工程图的识读 2. 设备安装工艺与安装步骤 3. 常见故障处理	能够识读施工图，产品安装使用说明书。一般设备安装调试步骤和安装工艺；设备的操作使用；设备常见的故障有诊断、排除、维护的能力
建筑智能设备施工组织管理能力	1. 施工组织能力 2. 施工方案编制能力 3. 技术资料文档整理	能处理施工中发生的一般技术问题，完成一般单位工程组织设计或施工方案的编制工作。能编制一般单位工程、消防、监控系统施工图概预算和施工预算。参加图纸会审。了解技术、质量、安全措施交底工作。能整理工程技术档案，保证汇集的技术文件资料的完整正确
建筑智能工程计量与计价能力	1. 工程图的识读 2. 工程量计算 3. 定额计价与清单计价 4. 经济分析	能够识读施工图，产品安装使用说明书。能编制一般单位工程建筑电气、智能、消防系统施工图概预算和施工预算，计算建筑电气安装工程造价
电气工程施工技能	1. 电气照明及动力系统安装 2. 防雷接地系统安装	能根据施工图纸正确进行电气系统的安装；能根据施工图进行线路的布置和安装；能正确使用测试仪器对线路进行测试与维修排故；能掌握安全用电的相关规定，在工作过程中避免出现安全事故，在确保人身安全和设备安全的前提下进行设备调试

五、专业课程及实践环节（表5~表7）

表5　建筑智能化工程技术专业各学期专业课程一览表

学期	主要课程	考核方式	课程类别	课程性质	考核时间
第一学期	思想道德修养与法律基础	考试	公共基础课	必修课	第20周
	形势与政策	考试	公共基础课	必修课	第20周
	大学生安全教育	考查	公共基础课	必修课	第20周
	大学生职业生涯规划	考查	公共基础课	必修课	第20周
	大学生心理健康教育	考查	公共基础课	必修课	第20周
	大学英语	考试	公共基础课	必修课	第20周
	体育与健康	考查	公共基础课	必修课	第20周
	计算机应用基础	考查	公共基础课	必修课	第20周
	大学应用数学基础	考试	公共基础课	必修课	第20周

续表

学期	主要课程	考核方式	课程类别	课程性质	考核时间
第一学期	安装工程制图与识图	考查	专业基础课	必修课	第20周
	建筑CAD	考查	专业基础课	必修课	第20周
	电工技术	考查	专业基础课	必修课	第20周
	社交礼仪	考查	公共素质课	选修课	第20周
	军事技能训练	考查	实践性教学环节	必修课	第20周
第二学期	思想道德修养与法律基础	考试	公共基础课	必修课	第20周
	形势与政策	考试	公共基础课	必修课	第20周
	大学生心理健康教育	考查	公共基础课	必修课	第20周
	军事理论	考查	公共基础课	必修课	第20周
	大学英语	考查	公共基础课	必修课	第20周
	体育与健康	考查	公共基础课	必修课	第20周
	大学人文基础	考查	公共基础课	必修课	第20周
	建筑构造	考查	专业基础课	必修课	第20周
	BIM技术基础	考查	专业基础课	必修课	第20周
	工程测量	考查	专业基础课	必修课	第20周
	艺术类选修课	考查	公共素质课	选修课	第20周
	认识实习	考查	实践性教学环节	必修课	第20周
	工种实训（钳工、焊工、管工）	考查	实践性教学环节	必修课	第20周
第三学期	毛泽东思想和中国特色社会主义理论体系概论	考试	公共基础课	必修课	第20周
	形势与政策	考试	公共基础课	必修课	第20周
	大学生创新创业教育	考查	公共基础课	必修课	第20周
	体育与健康	考查	公共基础课	必修课	第20周
	劳动专题教育	考查	公共基础课	必修课	第20周
	电子技术	考试	专业基础课	必修课	第20周
	安全技术防范系统	考试	专业核心课	必修课	第20周
	建筑给水排水工程	考查	专业拓展课	选修课	第20周
	通风与空调工程	考查	专业拓展课	选修课	第20周
	建筑给水排水工程	考查	专业拓展课	选修课	第20周
	建筑电气控制技术	考查	专业拓展课	选修课	第20周

续表

学期	主要课程	考核方式	课程类别	课程性质	考核时间
第三学期	物联网技术应用	考查	专业拓展课	选修课	第20周
	网络技术	考查	专业拓展课	选修课	第20周
	思政系列选修课	考查	公共素质课	选修课	第20周
	应用文写作	考查	公共素质课	选修课	第20周
	普通话	考查	公共素质课	选修课	第20周
第四学期	毛泽东思想和中国特色社会主义理论体系概论	考试	公共基础课	必修课	第20周
	形势与政策	考试	公共基础课	必修课	第20周
	大学生就业教育与职业指导	考查	公共基础课	必修课	第20周
	体育与健康	考查	公共基础课	必修课	第20周
	建筑电气消防工程技术	考试	专业核心课	必修课	第20周
	建筑设备监控系统工程技术	考试	专业核心课	必修课	第20周
	安装工程施工组织与管理	考试	专业核心课	必修课	第20周
	安装工程计量与计价	考试	专业核心课	必修课	第20周
	建筑供配电与照明技术	考查	专业拓展课	选修课	第20周
	水质检测技术与应用	考查	专业拓展课	选修课	第20周
	演讲与口才	考查	公共素质课	选修课	第20周
	ISO9000质量管理体系	考查	公共素质课	选修课	第20周
	GB/T 50430施工企业质量管理规范	考查	公共素质课	选修课	第20周
第五学期	形势与政策	考试	公共基础课	必修课	第20周
	综合布线	考试	专业核心课	必修课	第20周
	建筑电气施工技术	考试	专业核心课	必修课	第20周
	机电BIM	考查	专业拓展课	选修课	第20周
	绿色建筑	考查	专业拓展课	选修课	第20周
	建筑工程经济	考查	专业拓展课	选修课	第20周
	建筑工程法规	考查	专业拓展课	选修课	第20周
	供热工程	考查	专业拓展课	选修课	第20周
	制冷技术与应用	考查	专业拓展课	选修课	第20周
	毕业设计	考查	实践性教学环节	必修课	第20周
第六学期	顶岗实习及毕业教育	考查	实践性教学环节	必修课	第20周

表6 建筑智能化工程技术专业实践性教学环节安排表

课程类别		实训项目名称	对应理论课程名称	内容及教学要求	开设周数	学分	开设学期	备注
公共实践	1	军事技能训练		军姿、军纪及必备军事技术能力训练	3	2	1	
	2	大学生综合素质实践（劳动实践）		在校期间，须累计修满500素质实践分	分散	2	1～5	
		分类小计			3	4		
专业实践	单项课程实践	1 电气控制技术实训	建筑电气控制技术	典型控制系统安装与调试	1	1	3	
		2 安全技术防范系统实训	安全技术防范系统	安全技术防范系统实训	1	1	3	
		3 安装工程计量与计价实训	安装工程计量与计价	某智能化工程施工图预算	1	1	4	
		4 建筑设备监控系统工程技术实训	建筑设备监控系统工程技术	某工程建筑设备监控系统安装与调试	1	1	4	
		5 建筑电气消防工程技术实训	建筑电气消防工程技术	某工程火灾自动报警系统及消防联动设计与安装	1	1	4	
		6 安装工程施工组织实训	安装工程施工与组织管理	某安装工程施工组织	1	1	4	
		7 建筑电气工程施工实训	建筑电气工程施工技术	建筑电气施工实训	1	1	5	
		8 综合布线实训	综合布线	某工程综合布线系统设计与安装	1	1	5	
		分类小计			8	8		
	综合性实践	1 认识实习		参观施工现场	1	1	2	
		2 工种实训	焊工、钳工、管工实训	基本操作实训	2	2	2	
		3 毕业设计		给某建筑工程进行智能化设计、施工管理任务	7	7	5	
		4 顶岗实习		到施工现场和主要工作岗位跟班作业	24	24	5、6	
		分类小计			34	34		
		合计			45	46		

表7 学生考证安排表

序号	课程名称	证书名称	考试时间
1	工程CAD	中级制图员	2021年5月
2	工种实训	电工	系部安排
3	所有课程	八大员	学院统一安排

六、毕业标准

1. 基本修业年限 3 年，学生可以根据自身学习需求，合理、弹性安排学习时间，最长不超过 6 年。

2. 按规定修完所有课程，成绩全部合格，学分达到毕业规定学分。

3. 毕业设计成果考核合格；参加半年的顶岗实习并考核合格。

4. 学生体质健康测试综合成绩合格，综合素质实践教育考核合格。

5. 鼓励学生在校期间获得职业资格证、职业技能等级证书以及普通话、英语三级等证书，但不与毕业证挂钩。

6. 本专业毕业生继续学习主要有两种途径：一是参加专升本；二是参加自学考试，其专业面向建筑智能化工程技术、建筑智能化工程技术等。

工业设备安装工程技术专业

一、专业现状

1. 专业简介

工业设备安装工程技术专业培养面向工业生产设备安装、动力设备安装、建筑设备安装等行业的设备安装施工员、设备安装预算员、机械员职业群，能够从事安装、施工、管理、计量计价工作，并能从事工业设备安装工程信息建模工作的首选复合型技术技能人才。学生毕业后可从事工业设备、建筑设备工程（包括：建筑给水排水、建筑电气、采暖通风空调等）安装施工，建筑设备、工业设备经济运行技术和管理等工作。相应职业资格证书有：施工员、机械员、预算员、信息模型技术员等职业岗位资格证书。3～5年后，可以升迁的专业技术岗位有：安装建造师（机电）、安装造价工程师（机电）、机械工程师、BIM建模与运用师（机电）等。

2. 师资力量

通过校企互兼互聘，本专业现有9名专业专任教师，3名企业兼职。在职称结构上，副教授、高级工程师6人，工程师、讲师2人，高级职称比例达到66%；具有"双师型"教师4人。形成了一支经验丰富、业务精湛、富有活力的"双师素质"和"双师结构"的专业教学团队。

二、专业前景

本专业学生毕业后可从事工业设备安装、化工油田设备安装及工业管道安装工程及路桥、市政安装工程方向的设计、施工、监理、检测、调试、运行管理等工作，就业率高（表1、图1）。

表1　往届毕业生调查数据 ❶

项目	2019届	2018届
毕业一年后的就业率	91%	100%
专业毕业一年后的月收入	4400元	4786元
毕业生工作与专业相关的人数	75%	73%

❶ 数据来源：麦可思数据有限公司"湖南城建职业技术学院应届毕业生社会需求与培养质量跟踪评价报告（2019）"。

企业用人要求统计 (按该专业的相关职位要求进行统计)

工资情况		经验要求		学历要求	
面议	56%	不限经验	65%	大专	37%
4500~5999	15%	3~5年	16%	不限学历	33%
3000~4499	14%	0~2年	14%	本科	20%
6000~7999	7%	8~10年	2%	中专	4%
2000~2999	6%	应届毕业生	1%	高中	3%

图 1 往年企业用人调查数据

（数据来源：职友集网http://www.jobui.com/）

三、就业岗位

本专业以施工企业一线的项目施工员为主要就业岗位，以预算员、机械员、信息模型技术员等为就业岗位群（表2）。

表 2 工业设备安装工程技术专业就业岗位及主要职责

就业岗位	主要工作职责	
	主要工作任务	主要工作要求
安装施工员（机电）	安装工程施工组织策划	◇ 项目管理模式选择的正确性 ◇ 施工队伍选择和任务分配的合理性 ◇ 项目班子配置的有效性 ◇ 主要施工设备配置计划的前瞻性
	安装工程施工技术管理	◇ 图纸会审的正确性 ◇ 施工组织方案编制的合理性 ◇ 技术交底的全面性 ◇ 施工技术的先进性 ◇ 施工质量必须符合相应的施工规范
	安装工程进度、成本和质量控制	◇ 施工质量必须符合质量验收规范 ◇ 施工成本必须控制在合同总价范围内 ◇ 实际工期必须控制在合同工期内
安装预算员（机电）	安装工程计价文件编制	◇ 熟练掌握和理解施工图纸、定额内容 ◇ 及时、准确、合理地编制安装工程的预算及其标底
	安装工程成本控制	◇ 复核和审查施工单位预算人员所报送的预、结算资料 ◇ 结合工程现场实际情况，及时核对与施工图有偏差的内容 ◇ 参与设备采购及其方案的比较和市场的询价，为决策提供准确的依据
机械员	机械设备管理	◇ 参与制订机械设备配置、采购、使用计划 ◇ 及时组织机械设备进场，平衡调度，合理组织、协调机械使用，确保施工顺利进行 ◇ （参与）组织机械设备安装、验收、检测、使用备案、日常检查
	机械设备安拆	◇ 参与特种设备安装、拆卸的安全管理和监督检查。 ◇ 参与施工机械设备的检查验收和安全技术交底，负责特种设备使用备案、登记 ◇ 参与组织施工机械设备操作人员的教育培训和资格证书查验，建立机械特种作业人员档案
	机械设备维护	◇ 负责监督检查施工机械设备的使用和维护保养，检查特种设备安全使用状况 ◇ 参与施工机械设备事故调查、分析和处理

就业岗位	主要工作职责	
	主要工作任务	主要工作要求
信息模型技术员（机电）	安装工程机电BIM建模	◇ 正确理解设计意图及其建模任务要求 ◇ 完成工程项目所需的族的建立 ◇ 完成工程BIM建模
	安装工程机电BIM技术应用	◇ 根据模型，独立出具二维施工图 ◇ 完成动画漫游，进行效果图及动画制作 ◇ 完成BIM机电模型碰撞分析，完成室内净高分析、施工材料净用量提取、施工过程模型等，指导施工

四、核心技能及考核方式、标准（表3）

表3 核心技能及考核标准

核心技能	考核点	具体的内容
管道安装技能	选择合适的安装工具及材料，对管材、附件进行加工和安装的工作	（1）能正确使用安装工具； （2）能正确选择管材、附件、设备； （3）能根据图纸要求进行下料； （4）能正确掌握管道系统安装技术要领及要求
设备安装技能	选择合适的检测仪器，对设备基础及设备进行安装、检测	（1）能正确选用检测工具； （2）能正确进行设备基础设备验收； （3）能正确进行放线就位、设备找正找平； （4）能正确进行设备试车
起重与吊装技能	1. 吊索与吊具的选用 2. 吊装机械的选用 3. 起重机起重的方案确定	（1）能够正确识读工程施工图纸，了解各种构件的组成、安装过程； （2）能够根据施工图正确进行吊索、吊具连接及检查； （3）能够进行起重机械和吊装用具的设计和选型能力； （4）能够根据施工图正确进行吊装机械的选用； （5）能够进行起重机械施工方案的编制
钢结构识图及焊接技能	1. 钢结构识图 2. 钢结构制作焊接	（1）能正确识读钢结构图纸； （2）能根据钢结构图纸确定构件的数量； （3）能根据钢结构图纸确定构件的连接方式； （4）能根据钢结构图纸正确计算钢结构构件的工程量； （5）能够正确选用焊接工具及焊条； （6）能对工件焊接成形； （7）能根据要求正确使用焊工工具和仪表，对焊接处进行检查
电气工程施工技能	1. 电气照明及动力系统安装 2. 防雷接地系统安装	（1）能根据施工图纸正确进行电气系统的安装； （2）能根据施工图进行线路的布置和安装； （3）能正确使用测试仪器对线路进行测试与维修排障； （4）能掌握安全用电的相关规定，在工作过程中避免出现安全事故，在确保人身安全和设备安全的前提下进行设备调试

核心技能	考核点	具体的内容
安装工程计量与计价技能	1. 安装工程计量 2. 安装工程计价	（1）能熟悉并遵循相关国家规范和标准，能正确识读施工图； （2）能熟悉并遵循相关国家规范和标准，能正确识读工程量清单，了解工程量清单所对应的设备及主要材料价格查询方式； （3）能正确计算工程量； （4）能正确进行计价文件的编制
安装工程施工组织管理技能	1. 施工组织能力 2. 施工方案编制能力 3. 技术资料文档整理能力	（1）能够根据工程施工项目确定工程的准备工作； （2）能够根据工程施工项目编制工程的资源配置计划； （3）能够根据工程施工项目编制工程分部分项的施工技术方案，工艺流程、检验手段及方法等

五、专业课程及实践环节（表4～表6）

表4　工业设备安装专业各学期开设课程一览表

学期	主要课程	考核方式	课程类别	课程性质	考核时间
第一学期	思想道德修养与法律基础	考试	公共基础课	必修课	第20周
	形势与政策	考试	公共基础课	必修课	第20周
	大学生安全教育	考查	公共基础课	必修课	第20周
	大学生职业生涯规划	考查	公共基础课	必修课	第20周
	大学生心理健康教育	考查	公共基础课	必修课	第20周
	大学英语	考试	公共基础课	必修课	第20周
	体育与健康	考查	公共基础课	必修课	第20周
	计算机应用基础	考查	公共基础课	必修课	第20周
	大学应用数学基础	考试	公共基础课	必修课	第20周
	安装工程制图与识图	考查	专业基础课	必修课	第20周
	建筑CAD	考查	专业基础课	必修课	第20周
	电工技术	考查	专业基础课	必修课	第20周
	社交礼仪	考查	公共素质课	选修课	第20周
	军事技能训练	考查	实践性教学环节	必修课	第20周
第二学期	思想道德修养与法律基础	考试	公共基础课	必修课	第20周
	形势与政策	考试	公共基础课	必修课	第20周
	大学生心理健康教育	考查	公共基础课	必修课	第20周
	军事理论	考查	公共基础课	必修课	第20周
	大学英语	考查	公共基础课	必修课	第20周
	体育与健康	考查	公共基础课	必修课	第20周

续表

学期	主要课程	考核方式	课程类别	课程性质	考核时间
第二学期	大学人文基础	考查	公共基础课	必修课	第20周
	建筑构造	考查	专业基础课	必修课	第20周
	BIM技术基础	考查	专业基础课	必修课	第20周
	工程测量	考查	专业基础课	必修课	第20周
	艺术类选修课	考查	公共素质课	选修课	第20周
	认识实习	考查	实践性教学环节	必修课	第20周
	工种实训（钳工、焊工、管工）	考查	实践性教学环节	必修课	第20周
第三学期	毛泽东思想和中国特色社会主义理论体系概论	考试	公共基础课	必修课	第20周
	形势与政策	考试	公共基础课	必修课	第20周
	大学生创新创业教育	考查	公共基础课	必修课	第20周
	体育与健康	考查	公共基础课	必修课	第20周
	劳动专题教育	考查	公共基础课	必修课	第20周
	工程力学	考查	专业基础课	必修课	第20周
	工业设备安装工艺	考试	专业核心课	必修课	第20周
	机械原理及机械零件	考查	专业拓展课	选修课	第20周
	建筑电气控制技术与PLC	考查	专业拓展课	选修课	第20周
	思政系列选修课	考查	公共素质课	选修课	第20周
	应用文写作	考查	公共素质课	选修课	第20周
	普通话	考查	公共素质课	选修课	第20周
第四学期	毛泽东思想和中国特色社会主义理论体系概论	考试	公共基础课	必修课	第20周
	形势与政策	考试	公共基础课	必修课	第20周
	大学生就业教育与职业指导	考查	公共基础课	必修课	第20周
	体育与健康	考查	公共基础课	必修课	第20周
	工业管道安装	考查	专业核心课	必修课	第20周
	钢结构及焊接工艺	考试	专业核心课	必修课	第20周
	设备起重与搬运	考试	专业核心课	必修课	第20周
	安装工程施工与组织管理	考试	专业核心课	必修课	第20周
	机械识图及公差配合	考查	专业拓展课	选修课	第20周
	消防检测	考查	专业拓展课	选修课	第20周
	供热通风与给水排水工程施工技术	考查	专业拓展课	选修课	第20周
	建筑智能化工程	考查	专业拓展课	选修课	第20周

续表

学期	主要课程	考核方式	课程类别	课程性质	考核时间
第四学期	演讲与口才	考查	公共素质课	选修课	第20周
	ISO9000质量管理体系	考查	公共素质课	选修课	第20周
	GB/T 50430施工企业质量管理规范	考查	公共素质课	选修课	第20周
第五学期	形势与政策	考试	公共基础课	必修课	第20周
	建筑电气工程施工技术	考试	专业核心课	必修课	第20周
	安装工程计量与计价	考试	专业核心课	必修课	第20周
	机电BIM	考查	专业拓展课	选修课	第20周
	机械员岗位实务	考查	专业拓展课	选修课	第20周
	制冷技术与应用	考查	专业拓展课	选修课	第20周
	建筑电气消防工程技术	考查	专业拓展课	选修课	第20周
	建筑工程法规	考查	专业拓展课	选修课	第20周
	建筑工程经济	考查	专业拓展课	选修课	第20周
	建筑工程监理	考查	专业拓展课	选修课	第20周
	毕业设计	考查	实践性教学环节	必修课	第20周
第六学期	顶岗实习及毕业教育	考查	实践性教学环节	必修课	第20周

表5　工业设备安装工程技术专业实践性教学环节安排表

课程类别			实训项目名称	对应理论课程名称	内容及教学要求	开设周数	学分	开设学期	备注
公共实践		1	军事技能训练		军姿、军纪及必备军事技术能力训练	3	2	1	
		2	大学生综合素质实践（劳动实践）		在校期间，须累计修满500素质实践分	分散	2	1~5	
			分类小计			3	4		
专业实践	单项课程实践	1	电气控制实训	建筑电气控制技术	某工业设备电气控制相关技能	1	1	3	
		2	机械原理及机械零件实训	机械原理及机械零件	某工业设备减速箱设计	1	1	3	
		3	工业设备安装工艺实训	工业设备安装工艺	某工业设备安装施工方案编制	1	1	3	
		4	钢结构课程实训	钢结构及焊接工艺	进行钢结构施工方案的编制	1	1	4	
		5	起重与搬运实训	起重与搬运	某工业设备或厂房起重方案的编制	1	1	4	

课程类别			实训项目名称	对应理论课程名称	内容及教学要求	开设周数	学分	开设学期	备注
专业实践	单项课程实践	6	安装工程施工组织实训	安装工程施工组织与管理	某安装工程施工组织设计	1	1	4	
		7	安装工程计量与计价实训	安装工程计量与计价	某安装工程预算文件编制	1	1	5	
		8	建筑电气施工实训	建筑电气工程施工技术	某电气工程施工操作	1	1	5	
			分类小计						
	综合性实践	1	认识实习		了解专业基本知识	1	1	2	
		2	工种实训	焊工、钳工、管工实训	掌握各工种基本操作技能	2	2	2	
		3	毕业设计		完成某工业项目的投标文件编制	7	7	5	
		4	顶岗实习		将所学理论运用至相应岗位	24	24	5、6	
			分类小计			34	34		
			合计			45	46		

表6 学生考证安排表

序号	课程名称	证书名称	考试时间
1	工程CAD	中级制图员	每年5月份
2	工种实训	管工	系部安排
3	所有课程	八大员	学院统一安排
4	机电BIM	BIM等级证书	学院统一安排

六、毕业标准

1. 基本修业年限3年，学生可以根据自身学习需求，合理、弹性安排学习时间，最长不超过6年。

2. 按规定修完所有课程，成绩全部合格，学分达到毕业规定学分。

3. 毕业设计成果考核合格；参加半年的顶岗实习并考核合格。

4. 学生体质健康测试综合成绩合格，综合素质实践教育考核合格。

5. 鼓励学生在校期间获得职业资格证、职业技能等级证书以及普通话、英语三级等证书，但不与毕业证挂钩。

6. 本专业毕业生继续学习主要有两种途径：一是参加专升本；二是参加自学考试，其专业面向工程管理、供热通风及空调工程、机械工程等。

装配式建筑工程技术专业

一、专业现状

本专业校内专任教师包括高级职称 1 人，中级职称 3 人，初级职称 3 人；硕士及以上 7 人；"双师型"教师 7 人。与湖南建工集团等知名企业进行深度校企合作，聘请企业能工巧匠，建立了稳定的兼职教师库。

二、专业前景

2020 年 11 月，教育部启动修（制）订中职、高职、本科层次职业教育专业目录，其中土建施工类新增装配式建筑工程技术专业（专业代码 440302）。

三、就业岗位

以装配式建筑施工员为核心就业岗位，并以质量员、安全员、标准员、资料员等为就业岗位群（表 1）。

表 1 装配式建筑工程技术专业就业岗位及主要职责

序号	就业岗位	主要岗位职责
1	装配式建筑施工员	编制装配式建筑预制构件现场安装方案；负责预制构件现场堆放；负责现场构件定位放线、标高测定、吊装、安装、调平、校正；负责构件的临时支撑；负责外墙、内墙构件的砂浆密封和套筒灌浆连接； 负责构件吊装后的吊点切割和抹平；负责构件表面预埋件凹槽部位的处理；负责施工现场进度的控制和有关单位的沟通协调
2	质量员	严格执行现行国家强制性标准、验收标准、相关法规、企业标准和公司有关质量规定，监督检查质量的"自检、互检、交接检"。参与对工程检验批的验收、协助项目经理作好分项工程、分部工程的自查等
3	安全员	负责加强安全教育，提高全员安全意识和安全生产水平，制定安全防护措施，配备适当的安全用具等
4	标准员	根据国家、行业标准的变化及时组织对企业标准进行审核、修订；协助有关部门查找所需的标准及有关标准资料；制订、修改标准化工作的有关规章制度等
5	资料员	建立施工资料收集台账，进行资料交底；资料的收集、审查、整理、立卷、归档、封存和安全保密工作等

四、核心技能及考核方式、标准

对接核心岗位——装配式建筑施工员岗位实际工作任务，以及"1＋X"装配式建筑构件制作与安装职业技能等级证书标准，结合我院装配式建筑工程技术专业实际情况，技能考核标准以真实的工程项目为载体，以基于工作过程为导向，对学生的专业技能进行全面考核。

五、专业课程及实践环节（表2、表3）

表2 装配式建筑工程技术专业第一学期专业课程一览表（其余学期略）

学期	主要课程	考核方式	考核成果	考核时间
	思想道德修养与法律基础	考试		第20周
	形势与政策	考查		第20周
	大学生安全教育	考查		第20周
	大学生职业生涯规划	考查		第20周
	大学生心理健康教育	考查		第20周
	大学英语（一）	考试		第20周
第一学期	体育与健康	考查		第20周
	大学应用数学基础	考试		第20周
	建筑工程材料与检测	考试		第20周
	建筑力学（一）	考试		第20周
	建筑构造与识图（一）	考试	技能抽查	第20周
	认知实训	考查	交认知实训报告	第20周
	公共选修课	考查		第20周
	军事技能训练	考查		第20周

表3 学生考证安排表

序号	课程名称	证书名称	考试时间
1	建筑工程测量	中级测量工	第二学期
2	计算机辅助设计	中级制图员	第三学期
3	装配式建筑施工技术装配式构件生产	装配式建筑构件制作与安装职业技能等级证书	官方公布为准
4	建筑构造与识图混凝土结构	建筑工程识图职业技能等级证书	官方公布为准
5	BIM建筑信息模型	BIM技能等级证书	官方公布为准

六、毕业标准

（一）学业要求

1. 按规定修完所有课程，成绩全部合格；

2. 要求学生在校期间，累计修满 500 素质实践分；

3. 学分达到毕业学分规定；

4. 参加半年的顶岗实习并考核合格。

（二）获证要求

1. 获得一个以上 X 证书（如装配式建筑构件制作与安装职业技能等级证书、BIM 技能等级证书、建筑工程识图职业技能等级证书）；

2. 取得毕业证书。

第二部分

教　学　资　源

一、图书馆资源

学院图书馆由高新校区主馆和新湖校区分馆组成，担负着教育与信息服务的双重职能，是为全院教学和科学研究服务的学术性机构，也是学院的文献信息中心和师生学习研究的重要场所。

高新校区图书馆坐落于高新校区的中心位置，主体建筑 6 层，使用面积近 $10000m^2$，可同时容纳 2000 余人阅览，是学院的标志性建筑之一。馆内设施完备，布局科学，环境舒适，配有中央空调、监控消防与安全系统，设有采编室、书库、综合阅览室、报刊阅览室、专业阅览室、参考工具书阅览室、教师资料室、外文资料室和光盘资料室。新湖校区图书馆由书库、现刊室和过刊室组成，图书种类完备，能够满足新湖校区师生的正常借阅需求。

目前，图书馆有纸质藏书 71.2 万册，超星电子图书 10 万种，拥有清华同方 CNKI 数据库，中国建筑数字图书馆，职业标准与职业技能培训视频，全国教学教育资源库，建筑知识库，购置歌德机、报刊机、超星阅读本。当前，图书馆已逐步形成了以土建行业为特色的馆藏资源，是一所集纸质书刊借阅、网络媒体阅览、信息服务于一体的现代化图书馆。

图书馆始终坚持优化部门和馆员队伍结构，馆内设置有采编科和流通科两个业务管理部门。图书馆有正式员工 22 人，其中，硕士学历人员 7 人，高级职称 5 人（正高 2 人、副高 3 人），中级职称 10 人，初级职称 2 人。馆内工作人员学科分布合理，相关专业基础扎实。员工队伍正朝着高学历、高素质、高水平的专业化方向发展。

图书馆始终坚持"以人为本，读者第一，服务育人"的办馆理念，并不断强化馆员的服务意识和形象意识，先后优化读者服务、勤工俭学服务和书友会组织，充分发挥读者作用，满足读者的各种需求。

对于馆藏的传统文献资源，采取藏、借、阅合一的服务方式，方便读者查找和利用；对于馆藏的电子文献资源，以图书馆网站为平台，通过校园网 24 小时服务。图书馆在不断增加服务内容、拓展新服务方式的同时，延长服务时间，阅览室每周开放时间已达 91 小时。

图书馆还与读者之间建立良好的沟通机制，通过新生入馆教育、召开读者座谈会、真人图书馆、书友会交流会议等多种途径，认真听取读者的意见和建议，适时完善自身建设与服务水平。

目前，图书馆已具备了较完善的馆藏资源建设体系，并力求在文献保障、阅读环境、服务水平、人员素质等方面继续努力，提升图书馆现代化、信息化和高素质员工队伍水平，以打造土建行业特色的图书馆为奋斗目标，努力建设成为现代化、开放式、多功能的文献信息中心。

（一）楼层索引、馆藏布局及开放时间

1. 高新校区图书馆

高新校区图书馆

阅览室				
一楼	（040103）报刊阅览室（一）	9:00—22:00	周六不开放
	（040201）报刊阅览室（二）		周日不开放
二楼	（040202）参考工具书阅览室	8:00—12:00 14:30—17:30	周末不开放
	（040203）外文资料室		
	（040205）光盘资料室		
三楼	（040308）教师资料室		
	（040301）综合阅览室（一）	9:00—22:00	周六不开放
四楼	（040401）综合阅览室（二）		周日不开放
五楼	（040501）专业阅览室（一）		周六不开放
六楼	（040601）专业阅览室（二）		周日不开放
一楼	（040111）借还书处	8:00—12:00 14:30—17:30	周末不开放

注：周四下午12:00—19:00闭馆。

高新校区图书馆开放时间

2. 新湖校区图书馆

新湖校区图书馆

书库及阅览室			
一楼	书库	8:00—12:00 14:30—17:30	周末不开放
二楼	过刊阅览室		周日不开放
三楼	现刊阅览室	8:00—12:00 12:30—17:30 18:00—21:00	周六不开放

新湖校区图书馆开放时间

新湖校区图书馆目前设有书库、现刊阅览室、过刊阅览室。

书库藏书范围：涵盖 22 个大类的中文图书，如，马列主义、毛泽东思想；哲学、宗教社会科学；社会科学总论；政治、法律；军事；经济；文化科学、教育、体育；语言、文字；文学；艺术；历史、地理；工业技术；交通运输；航空、航天；环境科学、安全科学和综合性图书等。

书库

过刊阅览室

过刊阅览室藏书范围：社科类（A～K，Z）过刊。

（二）图书馆借还指南

1. "中图法"

图书分类是图书组织管理与查找利用的基础。本校图书馆采用"中国图书馆图书分类法"（简称"中图法"）对图书进行分类、排列、检索。"中图法"共分五大部类，22个基本大类。具体如下：

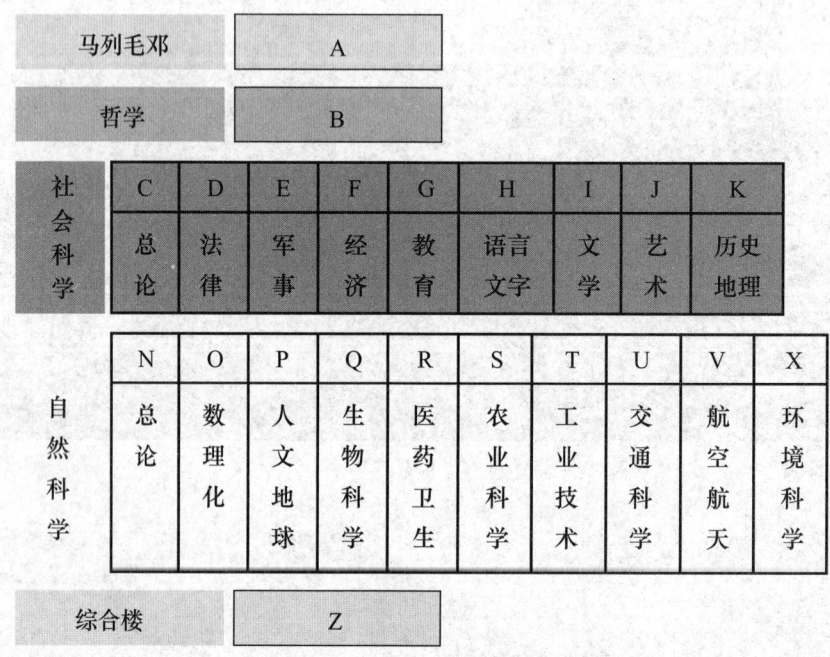

"中国图书馆分类法"示意图

2. 图书索书号

图书索书号，顾名思义就是索取图书的号码，一般由三排号码组成。第一排为分类号，第二排为书次号，第三排为辅助区分号。

分类号是查图书分类表得来的。书次号有种次号和著者号之分，种次号是按图书馆购买某一类图书种类的先后次序编排的，著者号是查著者号码表得来。辅助区分号是对分类号和种次号相同的图书进行区分的号码。

本学院图书馆的图书分类是按"中国图书馆图书分类法"进行的，书次号采用的是种次号。如：《i 漫画：动漫造型色彩设计》的图书索书号为"J 218.2/4"。

3. 阅览室图书查找方法

学院图书按照图书索书号进行排架，借阅图书馆的藏书时可按照图书索书号的顺序查找书刊。

图书排架就是按照先分类号，后书次号，最后著作区分号的顺序排列的。

图书排架举例：

先排字母按 A ⟶ Z 的顺序

后排数字按 0 ⟶ 9 的顺序

4. 图书借阅流程

读者持"一卡通"进入书库（新湖），或读者持"一卡通"进入图书馆一楼 040111 借还书处（高新），在查询机前进行馆藏书目查询，获取图书信息（索书号），记下索书号交给书库的老师，办理图书借阅手续：

a. 检查需借图书是否有缺页、污损，若有则及时报告工作人员，加盖印记；

b. 核对电脑记录，无误后可离开。

5. 图书归还流程

a. 读者将所要还图书带到一楼图书书库归还；

b. 如超出借阅期限，按规定交纳相应金额的罚款；

c. 核对电脑记录，无误后可离开。

6. 书刊阅览室服务流程

读者凭一卡通进入书刊阅览室，拿取代书板，出阅览室时交回代书板可。如有问题可咨询现场的老师。

注意事项：

（1）不得将个人的书刊、书包带入阅览室。

（2）阅览室的书刊不外借。

（三）图书馆流通管理指南

文献逾期处理办法

第一条 读者借阅图书应按时归还。若图书超过借期，读者到图书馆馆长办公室 040307 进行逾期处理后方可借阅图书。

第二条 读者在阅览室抵押身份证后方可外借文献复印，应当日归还，经特殊批准的应按约定时间归还。出于对知识产权的保护，严禁对文献进行整本复印。

第三条 读者应在寒、暑假期内归还的图书，可在开学 2 周内归还。超过 2 周未归还，遵照本办法第一条执行。

文献赔偿办法

第一条 遗失文献，须在应归还日期之前向借还文献处报告，并办理赔偿手续。

第二条 超过应还日期，无法赔偿原书，按以下规定赔偿：

（1）遗失图书文献按原价赔偿；

（2）遗失多卷书、丛书、连续出版物中的一部分，如可分卷购买，则按上述标准赔偿，如不能分卷购买，则按全套书的价格原价赔偿；期刊遗失一期，则按本期刊年价格的原价赔偿。

第三条 赔款后，读者在一个月内又找回原书刊或购买到同一版本的新书刊，可以凭赔款收据到学院财务处全额退款。

（四）读者行为规范

（1）自觉遵守本馆的规章制度，支持工作人员按章办事。禁止从事与本馆职责无关的任何活动。

（2）凭本人借书证刷卡进馆，严禁借用他人"校园一卡通"入馆；校外读者凭介绍信及本人有效证件并经馆长同意方可入馆。

（3）自觉维护馆内秩序，不违规侵占存包柜，不用书包等物品抢占位置。禁止随意挪动阅览桌椅。

（4）读者举止文明，衣装整齐。禁止穿背心、拖鞋进馆。

（5）保持大楼清洁。禁止在阅览室内吃零食；禁止随地吐痰，乱扔垃圾。

（6）保持安静。不高声喧哗或朗读；入馆时请将通信工具设置为振动。

（7）爱护公物。严禁随意涂抹刻画和破坏设备；禁止在图书和报刊上涂画、撕页、开天窗；禁止将未办理出借手续的书刊带出图书馆。未经许可，禁止在馆内张贴或散发广告及其他宣传品。

（8）馆内严禁吸烟、用火及违章用电。

（五）读者活动报名与参与

勤工俭学与读者服务

读者服务大队专门招募勤工俭学与图书馆参与值班、图书馆读者志愿服务活动等的学生志愿者。

报名方式：加 QQ 号 815217894 进行报名咨询。

书　友　会

书友会是专门召集爱好读书的学生，定期自发组织与参与学院图书馆阅读推广活动的组织，书友会的会员享受阅览室借书等权利。

报名方式：加书友会 QQ 群号 431352835 进行报名或到图书馆一楼 040111 办公室朱敏婕老师或许冬玲老师处咨询报名。

二、实训室资源

学院校内实训基地现有土建类、交通运输类专业实训室 73 间，建筑总面积 26810 平方米，3035 个工位，主要仪器设备 3867 台（套、件），实习实训设备总值 3621 万元。专业实训室分为专业认知实训室、工种操作实训室、岗位技能实训室，满足同学们从专业认知实习、工种操作实训、单项技能实训、岗位综合技能实训等实践性教学的需求。

　　学院现有3个省级以上实习实训基地，建筑工程技术实习实训基地为中央财政支持的职教实训基地、湖南省职教重点实习实训基地；建筑设备工程技术实习实训基地为省级生产性实习实训（教师认证培训）基地；工程造价实习实训基地为省级校企合作生产性实习实训基地。

　　学院逐年投入大量资金用于购置、更新实训仪器设备，将通过新建VR实训室、虚拟仿真实训室等专业实训室，不断完善满足现代职业教育的"虚实结合"实习实训资源。

土木综合（教学、实训）大楼

理实一体实训室

专业认知实训室

工种操作实训室

岗位单项技能实训室

岗位综合技能实训室

专业实训室一览表

实训室类型	实训室名称	服务专业
专业认知实训室	框剪结构模型展示	建筑工程技术、建筑材料工程技术、工程造价、建设工程管理、建筑经济管理等专业
	砖混结构模型展示	建筑工程技术、建筑材料工程技术、工程造价、建设工程管理、建筑经济管理等专业
	建筑装饰构造模型展示	建筑装饰工程技术、建筑材料工程技术、工程造价、建设工程管理、建筑经济管理、建筑工程技术等专业
	建筑比例模型展示	建筑工程技术、建筑设计、风景园林设计等专业
	建筑设备演示室	建筑设备工程技术、给水排水工程技术、建筑电气工程技术等专业
工种操作实训室	砌筑工实训场	建筑工程技术、道路桥梁工程技术、市政工程技术等专业
	钢筋工实训场	建筑工程技术、道路桥梁工程技术、市政工程技术等专业
	模板工实训场	建筑工程技术、道路桥梁工程技术、市政工程技术等专业
	混凝土工实训场	建筑工程技术、道路桥梁工程技术、市政工程技术等专业
	架子工实训场	建筑工程技术、道路桥梁工程技术、市政工程技术等专业
	管工实训室	建筑设备工程技术、给水排水工程技术、建筑电气工程技术等专业
	钳工实训室	建筑设备工程技术、给水排水工程技术、工业设备安装工程技术、建筑电气工程技术等专业
	焊工实训室	建筑设备工程技术、给水排水工程技术、工业设备安装工程技术、建筑电气工程技术等专业
	工程测量实训室	建筑工程技术、建筑材料工程技术、市政工程技术、道路桥梁工程技术、城市轨道交通工程技术等专业

续表

实训室类型	实训室名称	服务专业
工种操作实训室	土工剪切实训室	建筑工程技术、市政工程技术、道路桥梁工程技术、城市轨道交通工程技术等专业
	土工压缩实训室	建筑工程技术、市政工程技术、道路桥梁工程技术、城市轨道交通工程技术等专业
岗位技能实训室	砂石筛分室	建筑工程技术、建筑材料工程技术、市政工程技术、道路桥梁工程技术、城市轨道交通工程技术等专业
	水泥性能检测室	建筑工程技术、建筑材料工程技术、市政工程技术、道路桥梁工程技术、城市轨道交通工程技术等专业
	混凝土实训室	建筑工程技术、建筑材料工程技术、市政工程技术、道路桥梁工程技术、城市轨道交通工程技术等专业
	电动压力机房	建筑工程技术、建筑材料工程技术、市政工程技术、道路桥梁工程技术、城市轨道交通工程技术等专业
	万能实验机房	建筑工程技术、建筑材料工程技术、市政工程技术、道路桥梁工程技术、城市轨道交通工程技术等专业
	路基路面检测实训室	道路桥梁工程技术、市政工程技术、城市轨道交通工程技术等专业
	建筑装饰施工综合实训室	建筑装饰工程技术、建筑室内设计等专业
	装饰木工实训室	建筑装饰工程技术、建筑室内设计等专业
	装饰材料展示与运用实训室	建筑装饰工程技术、建筑材料工程技术、建筑室内设计等专业
	造型艺术与模型制作实训室	建筑装饰工程技术、建筑室内设计等专业
	建筑装饰操作实训室	建筑装饰工程技术、建筑室内设计等专业
	电工电子实训室	建筑设备工程技术、建筑智能化工程技术、工业设备安装工程技术、建筑电气工程技术等专业
	电力拖动实训室	建筑设备工程技术、建筑智能化工程技术、工业设备安装工程技术、建筑电气工程技术、给水排水工程技术、供热通风与空调工程技术等专业
	电气控制实训室	建筑设备工程技术、建筑智能化工程技术、工业设备安装工程技术、建筑电气工程技术等专业
	综合布线实训室	建筑设备工程技术、建筑智能化工程技术、建筑电气工程技术等专业
	可编程控制实训室	建筑设备工程技术、建筑智能化工程技术、工业设备安装工程技术、建筑电气工程技术、给水排水工程技术、供热通风与空调工程技术等专业
	楼宇智能实训室	建筑智能化工程技术、建筑设备工程技术、建筑电气工程技术等专业
	房地产产品研发室	房地产经营与管理、房地产检测与估价等专业
	工程造价软件应用研发室	工程造价、建筑经济管理、建设工程管理等专业

续表

实训室类型	实训室名称	服务专业
岗位技能实训室	工程成本控制研发室	工程造价、建筑经济管理、建设工程管理、建筑经济管理等专业
	工程项目管理研发室	工程造价、建筑经济管理、建设工程管理、建筑经济管理、房地产检测与估价等专业
	BIM应用研发室	建筑动画与模型制作、建筑工程技术、建筑设计、道路桥梁工程技术、房地产检测与估价、房地产经营与管理等专业
	数据开发与应用实训室	建筑设计、建筑动画与模型制作等专业
	建筑信息模型实训室	建筑设计、建筑动画与模型制作等专业
	数字城市模型实训室	建筑设计、建筑动画与模型制作等专业
	装配式建筑操作实训室	建筑工程技术、工程造价、建设工程管理、建筑经济管理等专业
	计算机绘图实训室	建筑工程技术、建筑设计、建筑材料工程技术、建筑装饰工程技术、市政工程技术、道路桥梁工程技术、城市轨道交通工程技术、建筑室内设计、建设工程管理、工程造价、房地产检测与估价、房地产经营与管理、城乡规划、风景园林设计、建筑动画与模型制作、给水排水工程技术、工业设备安装工程技术等专业

三、数字化资源

（一）AIC校园资源计划平台

信息化是实现教育现代化的关键，信息技术只有与院校先进的教育管理理念相结合，并在结合点上创新，推动院校管理体制的改造及管理水平的提升，实现产业的信息化，才能释放出强大的生命力和生产力。

我院明确规定了教师、学生、各级管理人员的行为准则和工作规范，制定实施每个教学环节的规章制度，紧密结合人才培养工作基本要求和评估标准，陆续制定并发布了系列标准。

在教学、学生、行政、后勤管理中，各 AIC 系统管理模块以标准化管理理念为核心，以 ISO 流程为总线，实现数据共享和资源共享。借助于信息化系统的"指挥"，使用者无须识记制度的具体内容，但行为却在无意识中严格按照"制度"在执行，校园标准化管理体系便在无形中得以落实。

1. 登录

方法一：输入 http://www.hnucc.com 进入学院网站首页，然后点击"AIC 学生登录"按钮进入登录界面；

方法二：直接在浏览器地址栏输入 https://aic.hnucc.com/xsgl/xs/login.aspx 进入登录界面。

登录界面如下：

登录账号为自己的学号，初始密码均为"123456"。

忘记密码的，可找学工办主任重置密码。

2. 首页简介

登录以后，新生可以根据相关图标了解、熟悉今后三年学习生活的情况。

在界面右下角有"密码修改"的图标，可修改自己的登录密码。

3. 个人资料的完善

所有新生在开学后一个星期内要登录系统完善自己的个人信息。并且，后期联系方式有变更的，要及时进行修改。点击首页的"个人基本信息"图标即可进入个人信息的修改界面。除红色字体部分无法修改外，其他栏目均应填写完整（包括"家庭成员""个人简历"部分）。

学生档案管理系统

你所在的位置 > 学生档案

学生档案信息
学籍信息
家庭成员
联系方式
学习经历
奖助学情况
学习成绩
学生获奖
学生基础信息修改

学籍信息

学号			
姓名			
曾用名			
性别	男		
状态	在读		
校区	湖南城建职业技术学院	所属系部	建筑设备工程系
年级	2017	行政班名称	三年制2017建筑智能化工程技术01班
专业名称	建筑智能化工程技术	培养层次	三年制
出生日期		民族	苗族
文化程度	大专	政治面貌	团员
身份证号		生源地	湖南省
辅导员		辅导员电话	
社团情况		住宿情况	
宗教信仰			

4. 其他功能模块简述

您有：0 个信息	其他任务、信息提示
告知书	类似于"入学须知"【只能查看】
学习成绩	用于期末查询成绩情况
学生评价	对任课老师、后勤部门、辅导员进行评价，填写个人的月志。 注意：每项填好后都要点"保存"，最后要点"提交"
我的社团	党（团）员填写自己的入党（团）时间等，信息填好保存后，由辅导员进行审核
学生选课	在规定的时间段选择选修课
学生档案信息	用于核对以及完善个人、家庭资料，上传照片；信息填好保存后，由辅导员进行审核。 红色字段不可更改，黑色字段需补充完善，红色字段信息有误的，请联系辅导员（班主任）找相关部门处理
奖助学情况	奖助学金情况
学生获奖	学生获奖情况
课程表	学生课程表信息
我的社团	仅限社团成员使用（任意校内社团），可查询社团公告、规章制度、其他成员等；社团负责人可在此维护所负责的社团信息
学生报修	用于学生寝室设备损坏，向后勤报修

（二）信息化教学资源

学院现建有专业教学机房（系部）及公共教学机房（信息技术中心）共计29间，相关课程现已全部实现教育信息化。教室设有多媒体投影＋黑板相结合的教学模式，计算机配置以中高端联想品牌机型为主，机房教室全部接入专用网络，最高可实现1000M带宽，并设有中央空调用于教辅。公共教学机房标准配备为41台／间，全院有各类型计算机终端1100余台用于教学，人均占有比达到1：100的教学要求。

校区地点	教室名称	设备型号及状况	设备数量	服务教学及专业
高新校区图书馆综合楼四楼	402机房	联想启天M710E	41台	土建类九大员专用考试场地
	403机房	联想启天M710E	41台	土建类九大员专用考试场地
	404机房	联想启天M710E	41台	土建类九大员专用考试场地
	405机房	联想启天M710E	41台	土建类九大员专用考试场地
	406机房	联想启天M2400	41台	公共基础课
	407机房	联想I7服务器型	41台	土建类技能竞赛专用场地
	408机房	联想I7服务器型	41台	土建类技能竞赛专用场地
	409机房	联想I5服务器型	41台	建筑工程技术、道路桥梁工程技术、建筑装饰工程技术、工程造价等
	410机房	联想I5服务器型	41台	建筑工程技术、道路桥梁工程技术、建筑装饰工程技术、工程造价等
	411机房	联想I5服务器型	41台	建筑工程技术、道路桥梁工程技术、建筑装饰工程技术、工程造价等
	412机房	联想I5服务器型	41台	建筑工程技术、道路桥梁工程技术、建筑装饰工程技术、工程造价等
高新校区图书馆综合楼五楼	506机房	联想I5服务器型	40台	公共基础课
	507机房	联想启天M2400	40台	公共基础课
	508机房	联想启天M695E	41台	公共基础课
	509机房	联想启天M2400	39台	公共基础课
	510机房	联想启天M695E	40台	公共基础课
	511机房	联想启天M2400	40台	公共基础课

四、体育设施资源及体育课

　　学院有与之配套的体育运动设施和场馆，各类体育设施见附表"体育设施一览表"，学院在高新和新湖校区设有体育器材室，器材室制度健全、卫生整洁，器材达标，各种器材放置规范、合理，使用、借用记录齐全规范并配有专门体育器材保管员进行管理。为便于学生体育课外活动的开展，在课外活动及晚上的时间，体育场馆均免费向学生实行有序开放。

    学院在第一和第二学年中开设四个学期的"体育与健康"课程，共计108学时，其中，第一学年以身体基础体能课和太极拳为主，第二学年根据学校场地资源，在高新校区开设了体育选项课，包括篮球、足球、排球、羽毛球、网球、瑜伽、体育舞蹈、健美操八个项目，学生可根据自己的兴趣和爱好进行选择。

体育设施一览表

校区	名称	数量	备注
高新校区	田径场	1	标准，塑胶跑道带看台
	足球场	1	标准，人造草皮
	室内篮球场	2	标准，木板地面一个带看台
	室外篮球场	12	标准，塑胶地面
	室内羽毛球馆	1片	标准，塑胶地面
	室内羽毛球馆（与篮球共用）	4片	羽毛球垫
	形体房、综合操房（瑜伽）	1	木地板
	跆拳道房	1	塑胶地面
	健身房	1	塑胶地面
	乒乓球房	1	20标准台塑胶地面
	网球场	2	标准灯光、塑胶地面
	排球场	2	标准，塑胶地面
	单、双杠区	1	海绵地面
	体质健康测试室	1	
新湖校区	田径场	1	泥土，250米跑道
	足球场	1	泥土，非标准
	室内篮球馆	1	标准，塑胶地面
	室内羽毛球馆（与篮球共用）	4	标准，塑胶地面
	室外篮球场	7	标准，水泥地面
	乒乓球房	1	6台

第三部分

学 历 提 升 途 径

一、全日制专升本（获全日制本科文凭）

普通高等教育"专升本"（以下简称"专升本"），是指普通高等教育应届专科毕业生通过一定的选拔程序进入省内普通本科院校接受普通本科教育的一种办学形式。被录取的"专升本"学生注册后直接进入普通本科三年级学习，在普通本科院校学习两年（学制为五年制的专业需学习三年），修完本科教学计划规定的学业，达到毕业要求的，颁发全日制本科文凭，毕业证书内容须填写"在本校××专业专科起点本科学习"；达到学校学位授予要求的，同时授予学士学位。

根据湖南省教育厅《关于印发〈2021年湖南省普通高等教育"专升本"考试招生工作实施方案〉的通知》（湘教发〔2021〕2号，以下简称《实施方案》）精神，报名范围为：德智体美劳全面发展、2021年6月30日前能取得毕业证书的湖南省普通高等学校2021届高职（专科）应届毕业生和毕业当年应征入伍并于2020年退役的高职（专科）毕业生。同时继续实行"专升本"免试推荐二入学政策。高职（专科）应届毕业生只要符合以下条件，均可获得"专升本"免试推荐资格：（1）世界技能大赛、中国技能大赛一类赛和全国职业院校技能大赛的一、二、三等奖；全省职业院校技能竞赛一等奖；中国国际"互联网＋"大学生创新创业大赛金奖、银奖。（2）在部队服役期间荣立三等功及以上荣誉的高职（专科）应届毕业生或毕业当年应征入伍并于2020年退役的高职（专科）毕业生。

根据湖南省教育厅《关于公布2021年湖南省普通高等教育"专升本"考试招生高职（专科）专业大类与本科专业类对应关系的通知》，"专升本"报名按专业大类设定高职（专科）专业相对应的本科专业，每位报考的学生可填报1所本科学校的1个相同或相近专业（有特殊规定的专业除外）。

二、非全日制专升本

（一）自学考试

自考以自学为主，也可以参加由其他社会培训力量或主考学校举办的自考助学班，属于完全的开放式教育。自学考试没有入学考试，考生须参加单科考试，所有科目合格后，才能获得国家承认的高等教育自学考试本科或专科学历文凭。考生每年可参加两到四次考试，考试往往采取分课考试，学分累积，不受学期、学年制度的限制，但须缴纳考试费和购买教材等费用。

有国家承认的专科学历（国民教育系列学历），可以通过参加自考专升本考试获得本科学历，目前与我院合作的自考本科院校有长沙理工大学、中南林业大学等高校，属于专科在籍或专科学历的考生都可以报考，可获自考本科文凭。

（二）函授教育

函授是成人高等教育的一种学习形式，成人高等教育另外几种学习形式是业余学习（夜大）和脱产学习（全日制）。函授也是一种授课的方式，它属于高等教育层次的一种学习层次，主要按各专业教学计划利用寒、暑假或国家法定节假日派教师到各地函授站组织面授和考试。函授教育前提是须参加并通过全国成人高考招生统一考试才能被高校录取,其属国民教育系列,国家承认学历。函授网上报名时间在每年 8 ～ 9 月份,须参加的成人考试时间在 10 月中下旬。

目前与我院合作的函授本科院校有武汉理工大学、天津城建大学,有国家承认的专科学历(国民教育系列学历)的考生可以报考,可获函授本科文凭。

(三)网络教育

网络教育是成人教育学历中的一种,主要使用电视及互联网等传播媒体的教学模式,突破了时空的界限,有别于传统的在校住宿的教学模式。使用这种教学模式的学生,通常是业余进修者。由于不需要到特定地点上课,因此可以随时随地上课。报名时间每年春季为 11 月初至 4 月底,每年秋季为 6 月初至 9 月底。

目前与我院合作的远程教育本科院校有吉林大学、武汉理工大学等高校,具有国家承认的专科学历(国民教育系列学历)的可通过网络教育学习,获得本科文凭。